服装高等教育"十二五"部委级规划教材（高职高专）

男装产品开发

张剑峰　编著

中国纺织出版社

内 容 提 要

本书从属于服装高等教育"十二五"部委级规划教材（高职高专）系列丛书，从男性着装入手，对男装、男装设计师、男装产品的设计构思和设计方法、产品设计要素、单品分类设计、品牌产品设计以及品牌男装终端形象都作了翔实的分析。全书结构严谨，层次清晰，内容丰富，图文并茂，实用性强，以科学、实用的发展观统领课程内容，具有很强的可操作性。

图书在版编目（CIP）数据

男装产品开发/张剑峰编著. —北京：中国纺织出版社，2012.9

服装高等教育"十二五"部委级规划教材. 高职高专

ISBN 978-7-5064-8675-0

Ⅰ.①男… Ⅱ.①张… Ⅲ.①男服—服装设计—高等职业教育—教材 Ⅳ.①TS941.718

中国版本图书馆 CIP 数据核字（2012）第 104255 号

策划编辑：张　程　　责任编辑：张　程　　特约编辑：张　祎
责任校对：楼旭红　　责任设计：何　建　　责任印制：陈　涛

中国纺织出版社出版发行

地址：北京东直门南大街 6 号　邮政编码：100027

邮购电话：010—64168110　传真：010—64168231

http://www.c-textilep.com

E-mail：faxing@c-textilep.com

北京市通天印刷厂印刷　各地新华书店经销

2012 年 9 月第 1 版第 1 次印刷

开本：787×1092　1/16　印张：13

字数：200 千字　定价：39.80 元

凡购本书，如有缺页、倒页、脱页，由本社图书营销中心调换

出版者的话

《国家中长期教育改革和发展规划纲要》（简称《纲要》）中提出"要大力发展职业教育"。职业教育要"把提高质量作为重点。以服务为宗旨，以就业为导向，推进教育教学改革。实行工学结合、校企合作、顶岗实习的人才培养模式"。为全面贯彻落实《纲要》，中国纺织服装教育学会协同中国纺织出版社，认真组织制订"十二五"部委级教材规划，组织专家对各院校上报的"十二五"规划教材选题进行认真评选，力求使教材出版与教学改革和课程建设发展相适应，并对项目式教学模式的配套教材进行了探索，充分体现职业技能培养的特点。在教材的编写上重视实践和实训环节内容，使教材内容具有以下三个特点：

（1）围绕一个核心——育人目标。根据教育规律和课程设置特点，从培养学生学习兴趣和提高职业技能入手，教材内容围绕生产实际和教学需要展开，形式上力求突出重点，强调实践。附有课程设置指导，并于章首介绍本章知识点、重点、难点及专业技能，章后附形式多样的思考题等，提高教材的可读性，增加学生学习兴趣和自学能力。

（2）突出一个环节——实践环节。教材出版突出高职教育和应用性学科的特点，注重理论与生产实践的结合，有针对性地设置教材内容，增加实践、实验内容，并通过多媒体等形式，直观反映生产实践的最新成果。

（3）实现一个立体——开发立体化教材体系。充分利用现代教育技术手段，构建数字教育资源平台，开发教学课件、音像制品、素材库、试题库等多种立体化的配套教材，以直观的形式和丰富的表达充分展现教学内容。

教材出版是教育发展中的重要组成部分，为出版高质量的教材，出版社严格甄选作者，组织专家评审，并对出版全过程进行跟踪，及时了解教材编写进度、编写质量，力求做到作者权威、编辑专业、审读严格、精品出版。我们愿与院校一起，共同探讨、完善教材出版，不断推出精品教材，以适应我国职业教育的发展要求。

中国纺织出版社

教材出版中心

前言

2003 年结束了清华大学美术学院的访问学者身份后，我就开始了企业兼职的经历。一直到 2008 年年底，5 年时间里，我同时为三家男装企业服务，担任设计总监一职。2009 年之后，由于各方面的原因，我不再在企业兼职做男装设计，安心从事教学工作。

《男装产品开发》一书从 2005 年开始筹划，被列入浙江省教育科学规划课题，2007 年编好初稿交与中国纺织出版社杨旭老师。在修改的过程中，由于正忙于参与企业的设计项目，出书一事就被搁置了下来。如今市场上对男装方面的书的需求越来越多，因此，重新编著本书，针对当前男装行业的转型升级和市场发展需求对书的内容作了重新规划，从男装到男装设计师，从设计构思到设计方法，从设计元素到单品设计，从品牌化产品设计到终端卖场形象等，对男装产品设计中所涉及的各个方面都进行了详细的叙述。

本书共分为六章。第一章概述，包括了男装简述、男装设计师的职业素养和工作任务两个方面。主要内容有重要事件和典型款式对男装的影响、设计价值与男装市场、男装分类、男性体型特点、男装设计师的工作任务和职业素养。

第二章介绍了男装的设计构思和设计方法。对男装设计中运用较多的设计思维和设计方法进行了分析。从定位构思、反向构思、联想构思、发散构思入手进行设计思维的分析，再从模仿、情感、问题、借鉴、反对、工艺、集思广益入手进行设计方法的分析。

第三章、第四章、第五章以及第六章是本书的重点。第三章男装设计要素涉及流行、面料、款式、色彩、图案五个方面，并对它们进行了详细的分析。第四章是对男装单品设计的分析，对礼服、西服、衬衫、夹克、裤子、毛衫、T 恤七个品类分别进行了设计上的分析。第五章是对品牌产品的开发进行分析，将品牌产品在设计过程中所涉及的调研、企划、设计、订货会、产品管理这五个环节都进行了详细的说明。第六章是介绍品牌设计与终端卖场形象的重要性，以几个典型的男装品牌陈列为案例，分析在进行男装终端卖场形象陈列时需要注意的地方。

这本书凝聚了中国纺织出版社很多编辑老师的心血，在此对他们表示感谢。感谢同学盛武斌，是他的慧眼让我有了在企业 5 年的工作经历。感谢宁波绣花厂厂长和宁波印染厂经理，在编写图案工艺实现的内容时，他们提供了非常详细的资料，并对某些工艺进行了详细地讲解。感谢宁波帕加尼服饰公司陈列主管魏文波小姐和沈娟小姐，她们为我提供了暑期的男装卖场实习机会，让我得到了第一手关于男装卖场形象陈列和产品设计的资料。感谢周爱英、张明杰为我提供了图片；感谢我的学生为我提供了设计图稿；感谢我的工作单位浙江纺织服装职业技术学院对科研、教学工作的重视，以及与美国国际时尚专业预测网站（www. stylesight. com）的合作，让我在进行本书编写时，有了第一手时尚、前沿的资料；也感谢穿针引线网（www. eeff. net）、Vogue 时尚网（www. vogue. com）、美国时尚之家网（www. style. com）以及其他网络工作者，是他们对时尚的热爱，才方便了我们对资料的收集和分享。由于编写时间仓促，对在此未提及的帮助者表示歉意，如果涉及版权费用等问题，请与我或者中国纺织出版社联系，我们将及时处理。最后，还要感谢我的女儿和先生，谢谢他们一直以来对我工作的支持！

张剑峰

2012 年 3 月于甬

教学内容及课时安排

章/课时	课程性质/课时	节	课程内容
第一章/2	基础理论/2		● 概述
		一	男装发展简述
		二	男装设计师的素养及面临的任务
第二章/6	男装创意思维训练/12		● 男装产品的设计构思和设计方法
		一	男装产品的设计构思
		二	男装设计方法
第三章/6			● 男装产品设计要素
		一	流行与设计
		二	款式与设计
		三	面料与设计
		四	色彩与设计
		五	图案与设计
第四章/8	男装单品设计训练/8		● 男装单品分类设计
		一	礼服设计
		二	西服设计
		三	衬衫设计
		四	夹克与外套设计
		五	裤子设计
		六	毛衫设计
		七	T恤设计
第五章/12	男装品牌产品设计训练/12		● 品牌化男装产品设计
		一	情报收集
		二	产品企划
		三	产品设计
		四	订货会
		五	产品管理
第六章/6	终端陈列设计训练/6		● 男装产品终端形象设计
		一	男装品牌终端形象案例分析
		二	男装陈列特点

注 各院校可根据本校的教学特色和教学计划对课程时数进行调整。

目录

基础理论——

概述

课程名称：概述

课程内容：男装发展简述、男装设计师的素养及面临的任务

课题时间：2 课时

训练目的：让学生了解重要事件和典型样式对男装发展的影响，以及设计价值与男装市场的关系，同时了解作为男装设计师需要具备的素养和要面临的工作任务。

教学方式：多媒体授课，使用大量案例和图片进行教学，让学生对男装设计有所认知。

教学要求：1. 让学生了解重要事件、典型样式对男装的影响。

2. 让学生了解设计价值与男装市场的关系。

3. 让学生了解男装分类及男性的体型特点。

4. 让学生了解作为一名男装设计师应具备的素养和要面临的工作任务。

课前准备：准备男装产品开发的案例手册或男装设计项目文本。

第一章　概述

衣食住行是人类必不可少的物质要求，构成了人类社会文化的一部分。其中，服饰是一个人文化修养、审美情趣、身份地位、经济水平以及气质特征的综合体现，它是一个人符号化的形象，人们的情感可以通过服饰无声的语言进行传达。男装，作为一种社会文化形态和现代艺术设计的重要组成部分，对创造良好的生活方式、提高人们的生活品位起着重要的促进作用。纵观世界服装发展史，男装对女装的影响不可忽视，西服、牛仔服、运动服、工作服这些本属于男性专有服装，一开始与时尚无关，如今却风靡全球，对女装设计产生着重大的影响。随着男装产业的不断发展，男装品类不再局限于服装、服饰，香水、化妆品、男性时尚杂志以及相关的媒体报道等附属产业也相应兴起。

第一节　男装发展简述

纵观男装的历史发展长河，可以看出因为受到政治、经济、文化、战争、艺术、宗教等因素的影响，现代男装穿着的生活理念和生活方式与以往相比发生了巨大的变化，简化了过去烦琐的礼节着装，向轻便化、休闲化、个性化发展。

一、重要事件对男装的影响

男装的发展经历了几个重要事件："孔雀革命"影响了男装色彩的发展、"年经风暴"影响了男装穿着样式的发展、"休闲风"影响了男装服饰理念的发展。

（一）孔雀革命

20世纪60年代在欧洲爆发的"孔雀革命"，是对男性服装色彩发展的推进。通过添加色彩和图案，运用花格衬衫和彩色裤子，打破了男装以往沉闷的风格，使传统男装发生了根本性的改变，如图1-1所示。

（二）年轻风暴

20世纪60年代后期，在美国的西海岸，战争之后新生代的年轻独生子女们大多数推崇反主流文化和与之相关的生活方式，出现了嬉皮士、摩登族和朋克风格的反主流男士着装，极大地推动了服装亚文化的发展。在这里，嬉皮士们避开主流时尚，蓄长发和下垂的小胡子，从异族中吸取灵感，穿着"柔情、颓废"的服饰，打破了 19 世纪以来西方传统男性在服饰形象上以"阳刚英挺"为主的风格，出现了性别模糊的"中性服装"，以此来展现他们幻想的乌托邦，如图 1-2 所示。

图 1-1 "孔雀革命"服饰 　　　　　图 1-2　20 世纪 60 年代的亚文化着装

（三）休闲风

20 世纪 70～80 年代是男装产品从传统造型向设计发展的转型期。随着以欧美国家为代表的社会经济的日渐发展，便装星期五、假日休闲、旅游等观念开始兴起，男装逐渐向休闲化发展，在时尚消费领域中，男装被提升到与女装同等的地位。而在之前的男装设计中，设计的成分很少，主要以各种礼服和传统的西服为主，强调工艺和面料。这次革新，也见证了三位著名男装设计师的出现。

意大利设计师乔治·阿玛尼（Armani, Giorgio）于 1975 年创立了自己的男装品牌阿玛尼（Armani）。20 世纪 80 年代，他在男装设计中去掉了僵硬的里衬，首次注入美国校园休闲风理念，革新了裁剪法，采用类似亚麻和超轻薄的毛料质感的柔软面料（这些面料之前都只在女装中使用），使男性的便装休闲化，引导了 20 世纪 80 年代男装的新潮流，如图 1-3 所示。

美国设计师拉尔夫·劳伦（Lauren, Ralph），引导了一种服装生活理念。在他的店铺中，除了服装，还设计搭配了整套的生活用具，比如皮质卧榻、古董运动装饰画、炙热的壁炉、纳瓦霍地毯等。一走进店铺，就给顾客一种进入绅士俱乐部或者大草原上小木屋的感觉，如图 1-4 所示。

图 1-3　乔治·阿玛尼的服装

图 1-4　拉尔夫·劳伦倡导的融入生活理念的店铺

美国设计师卡尔文·克莱恩（Klein，Calvin）则将男装领域拓展到香水、化妆品等。

二、典型样式对男装的影响

（一）西装

西装是男装中最具代表性的服装，它根据男性的体型特点，通过精湛的工艺及丰富的细节变化来美化男性形体和着装内涵。从 17 世纪末开始到现在，西装已有 350 多年的发展历史，是男装中一款固定且经典的样式，如图1-5所示。

图1-5 三件套西装

(二) 牛仔裤

牛仔裤原是19世纪的美国人为应付繁重的日常劳作而设计出的一种工作服，过去一直难登大雅之堂。如今，牛仔裤跻身时尚界，巧妙地迎合流行，不断变换款式，风靡全球。不仅在高级服装中时有出现，在商务男装中也有出现，是时尚男性的必备服装。同时，为了迎合潮流，牛仔裤也不断变换款式，并且在制作过程中派生出了很多工艺手法，影响着男性的着装观念，如图1-6所示。

图1-6 牛仔服饰大众化

（三）运动装

随着人们生活水平的大幅提高，利用闲暇时间投身到各种体育运动的时间也越来越多，积极的生活方式成为时尚的主流，运动服装几乎渗透到了人们生活的所有领域。同时，体育运动也为服装和面料设计带来了灵感。尤其是运动员所表现出来的阳光、健美，以及现代体育运动国际化、大众化的导向，让运动装以一种新的时尚形象出现在大众面前，提高了消费者对运动装的认识，如图1-7所示。

图1-7　运动文化对服装的影响

近几年，男装品牌中纷纷开发高尔夫系列的服装，以迎合男性着装方式的变化。而运动品牌的男装也日趋时尚化，将运动这种生活方式与男装设计紧密联系。

（四）军装

将军用服装特有的阳刚气质融入男装设计中，并考虑加入与环境相关的人体工学要素，这对男装的发展有着深远的影响。例如，军装保护色的特别设计已经成为一种纯粹的时尚元素，如图1-8所示。

三、设计价值与男装市场

随着男性越来越注重自身的穿着打扮，他们花在挑选和购买服装上的时间也越来越多，很多品牌开始推出男装系列。例如，迪奥（Dior）品牌在2007年推出了迪奥·桀傲（Dior Homme）的品牌男装系列，路易·威登（Louis Vuitton）品牌也于2011年9月份在米兰的Via Montenapoleone名街旗舰店推出了男装订制服务，并且计划不久将在上海和悉尼也开始这项服务。

图1-8 含有军装元素的男装设计

（一）市场环境

随着全球市场经济的一体化发展，很多品牌运用统一的品牌理念进行全球化销售，并且实行了全球化采购和本土化战略，实现了全球资源的共享和利润的最大化。例如，德国品牌C&A在中国销售的产品90％以上原产地为中国，瑞典品牌H&M产品的原产地为印度、马来西亚、中国、摩洛哥等全球化的生产基地，如图1-9、图1-10所示。

图1-9 德国品牌C&A男装

图 1-10 瑞典品牌 H&M 男装

(二) 男性消费特点

1. 系列化购买

男性在消费的时候，比较直接，一般情况下是有准备的购物，希望只逛一家店就将需要买的服饰全部买好。因此在做男性品牌的时候，需要设计系列服饰：外套、毛衫、裤子甚至内衣、鞋、包、领带等配饰应有尽有，满足男性购买服装的特点。

2. 注重服饰的品牌和品质

男性为体现自信和成功形象，非常注重服装的品牌和品质，通过品牌在社会中的影响力和价值层次，进而实现对自身形象的包装和价值感的提升。

3. 个性化消费

随着人们生活水平的提高以及着装意识的加强，很多男性为了彰显个性，经常自己购买服装，搭配服装，以区别于大众趋同化的着装特点。时尚的着装方式在个性男性群体中被很快接受。因而，为迎合男性这种个性化的消费方式和着装方式，男装市场趋向于细分化，商品设计也越趋丰富和个性化。

4. 自我地位的显示

男性穿着品牌服装也是对自己身份的体现。他们炫耀自己身上穿的西服是阿玛尼的、皮包是路易·威登的、皮鞋是几千元一双的，无非是为了显示自己的社会地位和成就。

（三）设计价值

产品设计必须使设计具有商品属性，通过市场实现其商品价值。设计价值需要通过设计的实用性、流行性、时效性和文化性充分体现。

1. 实用性

设计的实用性要符合消费对象经济上的承受能力、生理上的舒适性、精神上的愉悦性，并考虑产品本身在设计过程中所涉及的实操性。例如，意大利著名国际品牌杰尼亚（Zegna），它所生产的西服采用上好的羊毛材料和精湛的加工工艺，服装的效果和品质都很好，但价格很高，因此对应的消费群体就有限，如图 1-11 所示。一般的品牌男装，采用普通的羊毛或化纤面料，整体的服装效果不如前者，但价格适中，因此面对的消费人群就相对较广，如图 1-12 所示。

图 1-11　高档商务男装　　　　　　　　图 1-12　中低档男装

2. 时效性

服装产品具有很强的季节性，设计师紧跟流行所设计的产品，必须要应季进行销售。严密的生产计划、上市计划以及物流配送是设计时效性的保障。因为同样一件服装，季前由于款式新颖、审美突出、视觉冲击力强可以卖到很高的价格，季末则由于几个月的视觉冲击导致审美上的疲劳，再加上款式过季，就会降价销售，如图 1-13、图 1-14 所示。

图 1-13　服装产品的时效性　　　　　　　　　　图 1-14　过季折扣销售

3. 流行性

流行是人喜新厌旧的表现，当设计师将他设计的新产品推向市场的时候，消费者有一种焕然一新的感觉。但经过一段时间的视觉冲击后，就会出现似曾相识的审美疲劳。因此，需要设计师不断地创造新的视觉形态，以符合消费者的视觉需求，如图 1-15、图 1-16 所示。

图 1-15　时尚休闲　　　　　　　　　　　　　图 1-16　运动休闲

4. 文化性

男装设计需要具备深厚的文化底蕴和鲜明的个性特色，这样在国际化的市场背景下，才有更强的竞争力和生命力。反之，缺乏传统文化、民族精神的设计，往往千篇一律，缺乏个性。文化不是局限在"文化"两个字的概念之中，而是与时俱进、动态的文化，用服装语言去表达服装背后的文化故事，如图1-17所示。

图1-17 阿玛尼在米兰机场的广告图片

四、男装分类

服装的分类标准可以从许多不同的角度考虑，可以根据历史划分、季节气候划分、材料质地划分、制作方式划分以及服装风格划分等。但一般而言，根据现代男装的设计特点，主要有以下三种分类方法。

按照男装的种类进行分类，可分为礼服、西服、衬衫、裤装、夹克、外套、毛衫、T恤八个大类。

按照消费者的生活方式进行分类，也就是说要根据时间（Time）、地点（Place）、场合（Occasion）来正确选择和穿着服装，可分成上班服、工作服、休闲服、运动服、家居服、社交服、礼服等。

按照着装风格进行分类，可分为职业风格、休闲风格、运动风格。

五、男性体型特点

男性的体型从正面看呈倒梯形状，宽肩、窄臀。后肩略向前冲，肌肉发达，骨骼明显，肘部远离腰部，两腿呈 O 形，如图 1-18 所示。

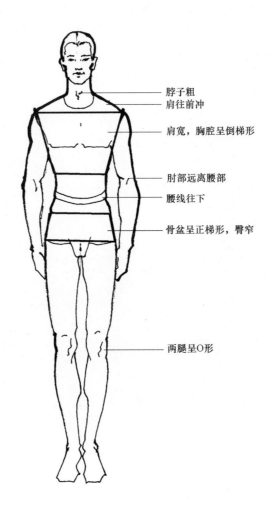

脖子粗
肩往前冲

肩宽，胸腔呈倒梯形

肘部远离腰部
腰线往下

骨盆呈正梯形，臀窄

两腿呈 O 形

图 1-18　男性体型特点

　　男性的体型可分为标准型、肥胖型、瘦弱型，如图 1-19 所示。标准型的体型无需多加解释，是穿什么衣服都好看的体型；肥胖型的体型跟标准型相比，脖子短而粗，有肚子，手臂和腿较粗；瘦弱型刚好与肥胖型相反，脖子长而细，手臂和腿细长。

　　男性结婚之后过几年，身体会变得偏结实，年纪再大些会出现"将军肚"。32 岁为男性体型的分界线：32 岁之前，体型总体来说属于偏瘦型或标准型；32 岁之后，男性的胸部丰满、肚子结实，这时候要选择相对宽松些的服装。

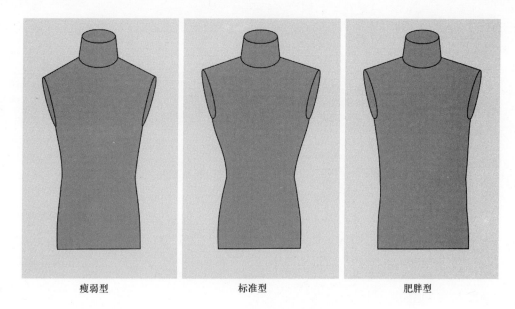

瘦弱型　　　　　　　　标准型　　　　　　　　肥胖型

图 1-19　男性不同体型对比

第二节　男装设计师的素养及面临的任务

男装设计师运用一定的思维形式、美学规律和设计程序，将自己的设计构思通过适当的材料、裁剪和工艺手段制成实物。这就要求男装设计师具备基本的职业素养，而且要清楚在设计过程中自己所面临的工作任务。

一、男装设计师应具备的职业素养

想成为一名优秀的男装设计师，不仅要有扎实的专业知识、丰富的社会阅历、灵活的工作方法、较高的审美修养和巧妙的设计方法等，还需要从大设计的视野角度来看待男装设计。

（一）敏锐的市场信息捕捉能力

紧跟流行趋势和社会热点问题，敏锐地捕捉细节变化。具有较强的色彩搭配能力和服装审美能力，从服装的造型、色彩、细节、整体风格和服饰配件考虑，要保持"一致"与"协调"。同时，还要具有在卖点与设计点之间寻求平衡的能力、创造能力、想象能力，以及对各类销售款式进行数据分析的能力。

（二）对设计对象和服装史全面了解

当今的设计是以消费者为核心，所以了解男性的着装动机、着装目的、消费心理、生活方式和体型特点，有利于进行针对性的设计。而了解服装史，是对文化的挖掘以及对着装文化的提炼和展示，也是灵感的主要来源。

(三) 较好的专业素养

精通面料、工艺以及男装板型，擅长设计标志图案和 T 恤上的图案，精通信息技术并能够精细地制图，熟练掌握 Coreldraw、Photoshop、Illustrator 等设计软件。

(四) 团队协作的能力

由于服装设计是一项团队工作，是面辅料、产品设计、缝制、销售等团队合作的产物。因此，作为服装设计师必须要具备良好的沟通、组织能力，以及周密的逻辑思考能力和产品研发能力，要懂得如何处理人际关系。

二、男装设计师面临的工作任务

随着服装产业的转型和国际化市场的形成，男装设计师可分为设计型设计师和买手型设计师。

(一) 设计型设计师面临的工作任务

根据分工不同，设计型设计师还可以分为设计总监、单品设计师、助理设计师、毛衫设计师。具体工作任务见表 1-1。

表 1-1 设计型设计师面临的工作任务

工作岗位	设计师工作任务
设计总监	● 负责品牌每季产品的设计企划 ● 负责制订每季产品的调研计划和调研工作 ● 负责管理设计师团队 ● 负责整盘货品的整合 ● 负责样衣采购、产品开发及样衣确认工作 ● 负责下属设计师产品开发的确认工作 ● 负责新品手册、主题、设计说明等 ● 负责订货会及与其他部门的沟通工作 ● 按照制订产品开发计划，配合营运、市场、产品部门展开各项工作，一起推进计划的顺利执行
单品设计师	● 收集整理流行元素及趋势，根据上级安排进行市场调研，提交调研报告 ● 开发单品、跟进打样、审板 ● 负责产前样的确认 ● 负责单品面料的调样 ● 完成计划内开发数量的打样资料，确认样板数量及相应的生产资料，负责品牌设计资料归档

工作岗位	设计师工作任务
助理设计师	● 收集整理负责单品的流行元素及趋势，根据上级安排进行市场调研，提交调研报告 ● 完成计划内单品开发数量的打样资料，确认样板数量及相应的生产资料 ● 负责每季品牌设计资料归档 ● 协助设计师做好款式收集和出款工作 ● 协助设计师做好样衣跟进工作 ● 协助设计师做好设计部其他工作，如调面料小样等
毛衫设计师	● 收集整理毛衫流行元素及趋势，根据上级安排进行市场调研，提交调研报告 ● 完成计划内毛衫开发数量的打样资料，确认样板数量及相应的生产资料 ● 负责每季毛衫产品的设计资料归档工作 ● 负责毛衫的设计、开发、跟进以及产前样确认工作 ● 完成计划内开发数量的打样资料，跟进打样，确认毛衫产前样，负责品牌设计资料归档

（二）买手型设计师面临的工作任务

时装买手在我国是个新兴的职业，大概在 2009 年才出现，以前类似的工作在国内被称为采购。时尚买手主要服务于品牌公司、商场或精品店。品牌公司买手通常由时装主管负责，时装主管制订整体的采购策略，但允许买手自行决定采购的内容。商场和精品店通常细分商品种类，所以买手分工购买某一个领域或部门的产品，如针织衫或服饰品。

时尚买手必须知道哪些产品在热卖中、哪些在杂志上出现过，并能提前预测半年至一年后顾客的需求。买手大部分的时间都用于参观展室中的成品或与销售人员会面。他们除了能迅速地向设计师提供如何推广作品的信息，还能迅速地提供如何改进一个系列作品的信息。买手的工作主要有两种形式，买入和导出：买入主要是采购样衣或者采购成品，到国内或国外采购样衣后进行再设计或者生产；导出是指从卖场终端考虑服装的销售，因而作为时尚买手还需要了解服装陈列的知识和销售数据的分析方法。买手型设计师的工作任务见表 1-2。

表 1-2 买手型设计师面临的工作任务

工作岗位	设计师工作任务
买手设计总监	● 负责品牌每季产品的设计企划 ● 负责每季产品的调研计划和调研工作 ● 负责管理设计师团队 ● 负责整盘货品的资金预算 ● 负责样衣采购 ● 负责下属设计师采购产品的确认工作 ● 负责新品手册、主题、设计说明等 ● 负责订货会及与其他部门的沟通工作 ● 按照制订产品开发计划，配合营运、市场、产品部门展开各项工作，一起推进计划的顺利执行

续表

工作岗位	设计师工作任务
买手助理	● 收集整理流行元素及趋势，根据上级安排进行市场调研，提交调研报告 ● 负责单品的数据分析和采购预算 ● 采购单品，跟进打样，审板 ● 负责产前样的确认 ● 完成计划内采购数量的打样资料，确认样板采购数量及相应的生产资料，负责品牌设计资料归档

思考题

1. 哪些事件影响了男装的发展？是怎么样的影响？

2. 男装的典型样式有哪几种？

3. 男装设计师应具备怎样的职业素养？

男装产品的设计构思和设计方法

课程名称： 男装产品的设计构思与设计方法

课程内容： 男装产品的设计构思、男装设计方法

课题时间： 6课时

教学目的： 让学生掌握男装产品的设计构思与设计方法。

教学方式： 多媒体、实物相结合进行教学，让学生了解男装产品的设计构思与设计方法。

教学要求： 1. 让学生了解男装产品的设计构思：定位构思、反向构思、联想构思以及发散构思。

2. 让学生掌握从模仿、情感、问题、反对、借鉴、工艺以及集思广益入手的男装设计方法。

课前准备： 准备典型的男装设计款式。

第二章　男装产品的设计构思和设计方法

设计构思的产生，是设计师长期实践经验和知识积累的集中体现，是设计师思维活动深入凝聚焦点的集中爆发，也是设计师有意识和无意识思维活动的大冲撞。它与设计者的经验、阅历、美学修养、专业知识等综合素质有关，也与职业道德、敬业精神、法律法规、计划管理等职业素质相关。对这些诸多方面的知识进行全面的综合和思考，再加上设计的市场反馈，构成了有意识的思维能力，加上各种创新能力的培养和探索，就形成了良好的设计基础和设计能力。

第一节　男装产品的设计构思

男装产品的设计构思可以从定位构思、反向构思、联想构思和发散构思四个方面进行分析（图2-1）。

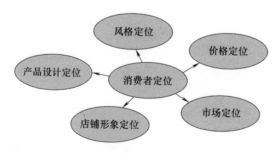

图2-1　以消费者为中心的定位构思

一、定位构思

定位构思是男装产品设计中最重要的思维方式，包括对象定位构思、产品定位构思和市场定位构思等。其中，对象定位构思是定位构思中的核心思维，是营销时代以消费者需求为中心进行产品设计、生产的重要前提。它针对潜在的目标对象或目标群，对他们的生理、心理特征、职业、美学修养、经济水平、消费层次以及消费方式进行逐项地分析，再进行产品设计。设计对象——消费者一旦确定，他们的消费层次也就明确了，针对此类人群开发的产品的功能和价格就能基本确定，然后就对产品开发中形、色、质的运用有了很大的限定。另外，消费者对应的市场、店铺的形象、商圈环境等也都有了基本的方向。

Dolce&Gabbana 是意大利著名的服装品牌，1994 年推出了年轻、时尚的二线品牌 D&G，以都市为设计灵感的休闲风格服饰，代表都市的魅力，展现着不断变化的世界。D&G 在价格上要比 Dolce&Gabbana 相对便宜，与注重奢华的款式和质料、价格较高、变化较少的 Dolce&Gabbana 相区别，尝试引领潮流，而不跟随潮流。D&G 的产品还包括眼镜、香水、手提包、海滩装、内衣裤、首饰、钟表等。目前，D&G 的风头已经大大超过了它的一线品牌 Dolce&Gabbana，成为年轻人向往的欧洲风格的流行标志，如图 2-2 所示。

图 2-2 D&G 品牌男装

意大利著名品牌爱玛仕（Hermés）是奢侈品牌中的奢侈品牌，低调、奢华而又具有艺术气质是它的品牌特征。它是针对极少数的富有人士设计的品牌，其中手绘的丝巾最具特色。每一季的男装产品开发数量并不多，但都是运用了最具品质感的羊绒、皮草制作服装，在店铺形象的设计上也是利用奢华的皮草、油画等进行装饰，如图 2-3 所示。

针对成功男士设计的高档商务服装，需要高品质的面料、精湛的工艺、鲜明的品牌个性和高品位的市场去匹配。图 2-4 所示为意大利高档商务品牌杰尼亚，其品牌定位于 35～50 岁、有一定经济地位的商务男性，因此，服装在产品开发中采用高档的羊毛和羊绒面料、工艺精湛、色彩沉稳，针对中高档的消费人群。而针对经济基础一般、追求时尚的男性，服装款式必须时尚，做工一般即可，面料可以用涤毛、仿毛等，如图 2-5 所示。也可看出，两者的市场定位不同会导致销售的场所也不同，前者销售的市场在经济繁荣的一二级商场，而后者则以大众消费的三级市场为主。

图2-3 爱玛仕品牌男装

图2-4 高档商务男装
品牌杰尼亚

图2-5 中低档商务男装品牌

二、反向构思

反向构思是打破常规的认识意识，用逆反的思维或发展的眼光进行设计构思。设计需要借鉴，有很多固定的模式可以参考学习，在设计之前要做大量的调研和情报收集工作。一旦开始进行设计，就要学会从零开始，不然，设计思维会被限定，往往被自己所谓的经验和习惯思维所约束。

现在市场上最为流行的牛仔裤、牛仔服一直是象征劳动人民的服饰，有着传奇般的故事。近年来，代表平民服饰的牛仔服同样出现在高级成衣和商务白领的着装中。例如，高级设计师维维安·维斯特伍德（Westwood，Vivian）通过反向思维，从街头、朋克等大众平民风格中汲取灵感，将这些夸张的元素运用到高级服装设计中，打破了高级服装从上到下流行、追求高贵血液的设计传统，如图2-6所示。

在男装产品开发中，采用反向构思进行服装设计，主要从款型、色彩、面料着手。男装的款式变化不是很大，这几年受中性化着装潮流的影响，男装在款型上采用了修身的造型，比如休闲西服里面充了棉，被设计成棉褛的款式。色彩上也是一样，以前鲜少使用的亮色现在在男装设计中用得越来越多，越早采用流行色的产品就越会受到消费者的关注。面料更是男装设计的突破口。例如，以前商务类的休闲西服采用的都是棉、麻、毛、丝混纺的面料，而现在有些创造性比较好的设计师就大胆地采用涤纶、金属丝面料制作休闲便装，由于是新型面料设计而成的服装，给消费者很强的视觉冲击力，销售情况非常好。

利用反向思维打破男装款式设计特点，比如说将女性化元素融入男装T恤设计中，使其显得修长，如图2-7所示。

图2-6　维维安·维斯特伍德的服装设计

图2-7　反向思维设计运用了女性化
修长的元素　周爱英摄

打破男装常规的用色，也是反向构思的一种。如在冬季棉褛设计中，采用浅蓝色等淡色、明亮色而一改传统的深暗用色，迎合了男性希望通过服饰来改变心情的需求，如图2-8所示。商务男装设计中也打破用色的限制，比如出现了红色的裤子，如图2-9所示。

图 2-8　冬季棉褛大胆的用色

　　打破男装用料的特点，是意大利设计师阿玛尼首创先河，他最先改变男装用料，将女性休闲面料用在男装的休闲夹克中，革新了男装的服装用料。不同的面料对男装的风格影响很大，如图 2-10 所示，是一件用涂层面料做成的西服背心，表现出时尚、年轻的气质。用丝光棉针织面料设计而成的衬衫，这几年在商务休闲男装品牌中销售得非常好，打破了只用机织面料设计衬衫的常规思维。

图 2-9　红色裤子用在商务男装中

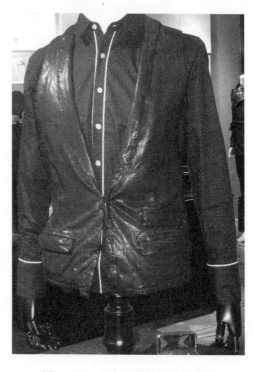

图 2-10　用涂层面料制作的背心

三、联想构思

联想构思需要有丰富的经验和对应的方法，以新视野、大视角的眼光看问题。大视角就是指全面地分析问题，从市场竞争状况、消费者需求变化、社会发展趋势等宏观角度来审视设计对象。

以风衣为例，介绍如何使用联想构思进行男装设计。在进行风衣设计时，我们可以根据风衣设计的命题展开丰富的联想。比如，进行线条硬朗的风衣设计时，我们可以联想到军人的英姿，如图2-11所示。再比如，设计时尚型风衣时，可以联想到《黑客帝国》电影中男主角的形象，帅气、神秘，如图2-12所示。

图2-11 风衣联想设计1

通过大自然、艺术生活的联想设计（图2-13），设计师在设计夹克时，联想到了军服、大自然的色彩、艺术油画，由此设计出的服装也会令着装者油然产生一种军人的气概。

图2-14所示的是通过男性的生活方式进行的西服联想设计，设计师在设计西服时，已经将它情感化为优雅、懂生活的男性。图2-15所示的是由外套设计联想到一种生活方式。

图 2-12 风衣联想设计 2

图 2-13 夹克用色联想设计

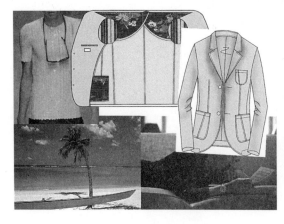

图 2-14 西服联想设计

图 2-15 外套联想设计

通过某种事物的联想设计，图 2-16 所示的是通过橙子的色彩联想到果色、甜美。

通过某种词语的联想设计，图 2-17 所示的是由牛仔裤联想到性感和刚柔并济的设计。

图 2-16　领带用色联想设计　　　　　　　图 2-17　牛仔裤联想设计

四、发散构思

发散构思是指一种扩散的思维方式，它表现为思维的视野广阔，思维呈现出多维发散状。在设计中，发散构思是创造性思维最主要的特点。大家知道，在设计之中，会有不同的思维在头脑中出现，有时我们所捕捉到的瞬间思维就成了灵感来源。例如，当下流行的以航海为题材的服装设计，有些联想到了大海的各种生物，有些联想到了大海航行的船只以及它的装备，如锚、绳等，有些则联想到了与大海有关的童话故事等。图 2-18 所示是以航海为灵感的发散构思。

绳元素　　　　　　　　　　　　　　　　条纹元素　　　　　锚元素

图 2-18　发散性思维的设计

第二节　男装设计方法

面对设计，我们要了解如何着手设计，懂得设计的方法和程序，用专业的知识去解决设计中出现的问题。在制订大的设计企划时，必须由许多专家共同商讨。比如设计一个品牌的风格定位时，需要销售专家、企划专家、设计专家等多位专家共同商讨来制订方案，但是就产品的设计方法而言，并无本质上的变化，只是设计方法所涉及的考虑因素会更加复杂些。

方法是达到设计目的的手段，采用科学的设计方法，将会使设计得到事半功倍的效果。设计的方法很多，下面就男装产品设计中使用较多的模仿、借鉴、情感、市场、问题、工艺以及集思广益等方法展开讨论。

一、从模仿入手

服装设计师在进入产品设计阶段，已经具备一定的专业知识，但是要针对某一个品牌或者某一个对象进行设计，还是有一定的难度。对消费者需求把握不准和对风格化的产品组货能力有限，大多是由于经验不足而引起的。即使是一个非常有经验的设计师，去重新开发一个新品牌，或者为另一个品牌服务，也需要几个月的时间。

如何快速地适应产品设计，可以通过反复临摹和模仿某一个品牌的设计风格来训练，这是养成良好的设计风格、提高审美修养的捷径。如果想设计性感、夸张一点的男装，可模仿范思哲（Versace）、瓦伦天奴（Valentino）的品牌风格；如果想设计大气一点的商务男装，则可模仿杰尼亚、Hugo Boss 的品牌风格。品牌模仿得越像，对品牌的理解也越深刻，品牌化的概念也越强。图 2-19 所示的是模仿杰克·琼斯（Jack Jones）品牌风格的 T 恤设计，

图 2-19　模仿杰克·琼斯品牌的男装设计　设计者：柳维

很好地表现了杰克·琼斯品牌年轻、时尚、休闲的产品风格。图2-20所示的是模仿高田
贤三（Kenzo）品牌风格进行的男装衬衫设计。

图2-20 模仿高田贤三品牌风格的衬衫设计 设计者：陈飞舟

　　模仿训练对形成品牌化的产品设计风格非常有效。但是要注意的是，在模仿中要学会
发现设计中的亮点，然后形成自己独特的创造性思维，不然就会缺乏创造力的培养。图
2-21、图2-22所示的是模仿杰克·琼斯品牌的创新设计，设计的产品更加时尚和年轻
化，但针对的目标消费群体就会偏窄些。

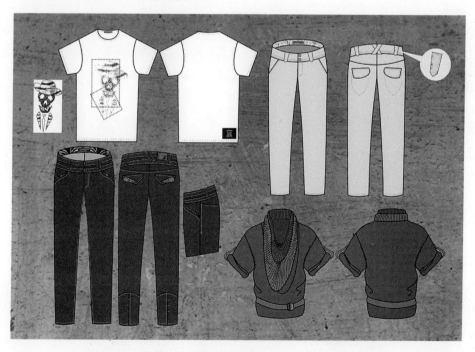

图2-21 模仿杰克·琼斯品牌的创新设计1 设计者：程卓之

图 2-22　模仿杰克·琼斯品牌的创新设计 2　设计者：程卓之

二、从情感入手

　　设计是一项创造性的工作，需要设计师从日常生活、大自然中去捕捉灵感，在产品设计时不是仅就款式而设计，而是将对款式与着装的形态、款式背后所联想到的生活情景的一种情感触动融入设计中。这对提高设计师的审美修养很有益处。图 2-23 所示的是一组商务男性的产品设计，设计师在设计时将男性的生活方式考虑在其中，加入了书、休闲旅游等元素。图 2-24 所示的服装是通过饰品的设计表达出商务男性的优雅。在设计的时候，还要考虑男性生活方式和着装神态，使服装成为一种情感、情绪的表述，如图 2-25 所示。

图 2-23　融入男性生活方式的男装设计　张明杰摄

图2-24 通过饰品表现商务男性的优雅　　　　图2-25 着装神态的设计 张明杰摄

　　顶级品牌设计大师阿玛尼在谈到他对设计的感受时提到，设计是发自内心的感受。他将与别人交谈和自己观察中看到的一点一滴都细心记录，并将自己对这些事物的感受融入热爱的设计中。

三、从问题入手

　　意大利设计师布鲁诺在他的《物生物——现代设计理念》一书中提到雷布里尼曾说过，"当一个问题不能解决时，不再是一个问题；当一个问题能解决时，也不算是一个问题。"产品设计的过程是从问题的提出到问题的解决，也就是一季又一季、一款又一款地提出问题、解决问题。设计就是对问题的提出到最后问题的解决，而之中的过程就是设计方法。

　　对于服装设计，大家也知道——"WHO？WHAT？WHERE？WHEN？WHY？"5个问题式的设计原则，围绕这5个原则，要求设计师要因人、因时、因地地设计服装，解决男性的着装问题。

　　从问题入手，如命题设计一样，需要根据品牌风格和目标消费群体的需求进行设计。设计首先从市场调研开始，然后根据市场调研的结果进行分析，再结合当前流行趋势确定设计的大方向，最后根据大方向（或者景况是设计主题）展开设计。

　　下面以男装项目课中学生做的一个项目设计为例来说明。

　　从问题入手的案例分析：

　　提出问题：为年轻白领男性设计服装。

　　拿到这个设计项目时，不能马上着手设计，首先要对设计的品类进行确定，如设计休闲西服系列（休闲西服、休闲裤子、休闲衬衫或 T 恤）、夹克系列（夹克、外套、休闲裤子、T 恤或毛衣），然后再针对自己所确定的设计项目进行针对性的市场调研。

将从市场调研中所获得的信息进行分析。图 2-26、图 2-27 所示的是对休闲服装进行市场调研后的分析结果，以图的形式进行归类分析，清晰明了。

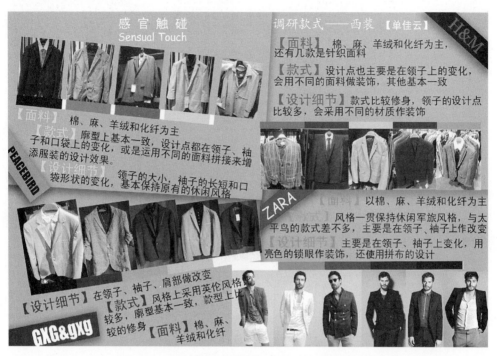

图 2-26　休闲西服市场调研分析　设计者：单佳云

图 2-27　休闲裤市场调研结果分析　设计者：单佳云

然后确定设计主题，明确大的设计方向和设计灵感来源，如图2-28所示。设计主题为感官触碰，天与地之间的呼吸加上大地的色彩，谱写着一篇轻柔、自然又略带刚性的乐章。在正式设计之前，可以收集相关的图片寻找设计点，如图2-29所示。

图2-28 设计主题 设计者：单佳云

图2-29 灵感来源 设计者：单佳云

接着就进行设计的展开，首先是画草图，草图的表现只要自己能看清楚就可以了。然后在草图的基础上再画正式平面图稿，此时的平面图稿要求结构清晰，让人一目了然，如图2-30～图2-32所示。

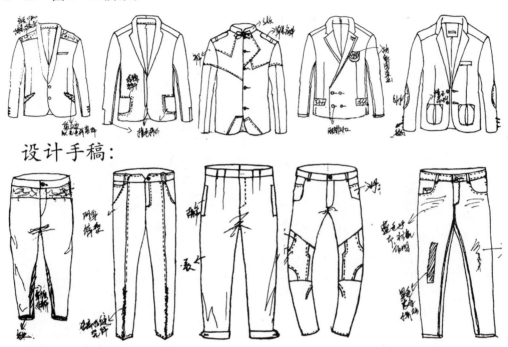

图2-30　设计草图　设计者：章晶

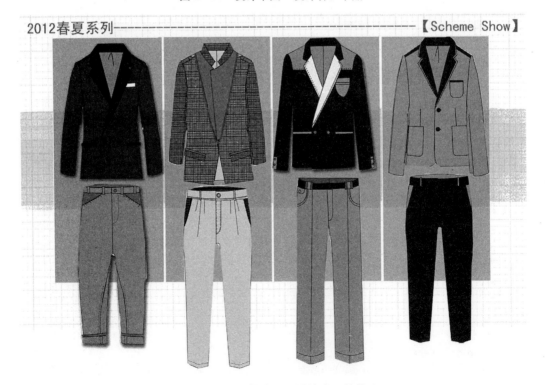

图2-31　平面款式图　设计者：单佳云

图 2-32　选定款式　设计者：单佳云

最后就是工艺打板和制作了。工艺打板时，设计师首先要确定造型，对造型的基本尺寸提出自己的设计意见。在工艺制作完成之后，需要进行进一步的搭配设计。如图2-33、图2-34所示。

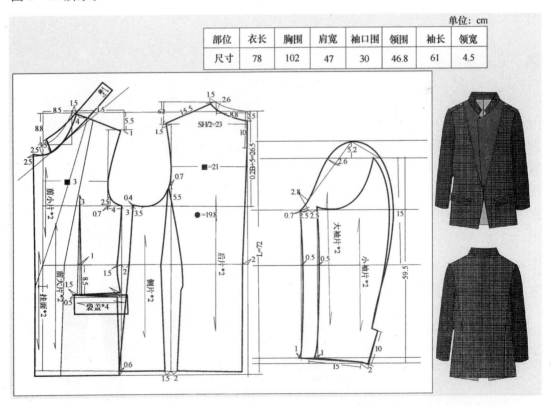

图 2-33　款式结构造型　设计者：单佳云

图 2-34 成衣搭配设计 设计者：单佳云

四、从借鉴入手

在产品设计中，借鉴款式似乎是一件很正常的事情，即使是高级成衣的品牌也不例外。比如在市场调研中可能会发现，去年杰尼亚的款式在今年 Hugo Boss 款式中有所体现，同样，在今年杰尼亚的西服设计中，发现有几个时尚西服的款式更修身了，这是借鉴了目前 Dior Homme 男装中性化、修身的特点。再比如说，阿玛尼前几年的西服率先采用了平绒面料制作，第二年的男装市场里，用平绒面料做成的男装款式到处可见。

借鉴法是对从历史、文化、民族精神中所感受到的以及视觉上看得到的形式进行借鉴，或是对已有的款式造型、色彩、设计细节、面料、图案等方面进行借鉴，如图 2-35~图 2-37 所示。

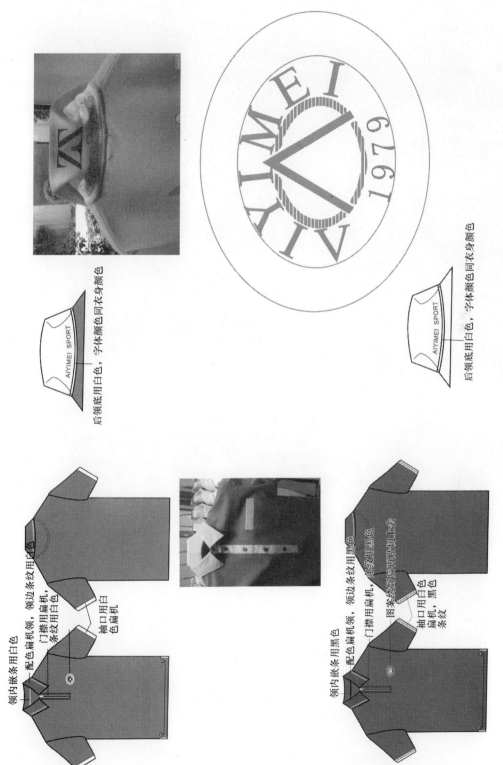

后领底用白色，字体颜色同衣身颜色

后领底用白色，字体颜色同衣身颜色

领内嵌条用白色 配色用扁机领，领边条纹用白色 门襟用扁机，条纹用白色 袖口用白色扁机

领内嵌条用黑色 配色用扁机领，领边条纹用黑色 门襟用扁机，绣纹用黑色 图案绣领后再贴剪切上去 袖口用白色扁机，黑色条纹

图 2 - 35 领子的借鉴设计

图 2-36　改变面料的借鉴设计

图 2-37　改变门襟的借鉴设计

五、从反对入手

　　设计不是以一成不变的形象去应对消费者，而是需要不断创新，挖掘新的设计元素来吸引消费者。从反对入手，是将原有事物放在相反或相对位置上进行思考的方法，也是一种能够带来突破性思考结果的方法。由于从反对入手，思考的角度出现了 180°方向的大转变，从根本上改变了设计者的常规思考角度和由此得到的常规思考结果，因此，从反对入手成了追寻意想不到的思考结果的设计方法之一。它既可以是题材、环境的反对，也可以是思维、形态的反对。

　　在服装设计中，反对法的反对内容比较具体，如上装与下装的反对、内衣与外衣的反对、里衬与面料的反对、男式与女式的反对、左边与右边的反对、高档与低档的反对、前面与后面的反对、宽松与紧身的反对等。使用反对法不能机械照搬，要灵活机动，对被反对后的造型进行适当的修正，令其符合反对的本来意图。图 2-38 所示的是 Dior Homme 2012 年春季的设计作品，这件作品打破了 Dior Homme 一贯以来黑白灰的设计风格，采用了黄色这种明艳的色彩。

六、从工艺入手

　　众所周知，男装的品质感是增加男性自信非常重要的因素，因而，在男装设计中，工艺、板型与设计是相辅相成的，尤其对于西服、正装、西装而言，设计更大程度上来说是工艺和板型上的改变。

归拔是男装西服制作工艺中非常重要的工艺，归是归拢，拔是拔开，这种方法只能用在有弹性的毛料上，如图 2-39 所示。

大袖片拔

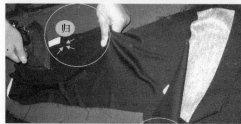

后片袖窿归

前胸推

图 2-38　色彩反对设计　　　　　　　　图 2-39　归拔法

七、集思广益

集思广益顾名思义就是大家集中讨论，拿出各自的设计想法，最后集各家所长，综合考虑，完成设计，这个方法在服装产品设计中成效较为显著，如图 2-40 所示。

图 2-40　集思广益法

思考题

1. 请你谈谈对定位构思与产品设计的看法？
2. 日常设计中你采用最多的男装设计方法有哪几种？

课后作业

针对某一对象，设计两套男装。表达形式不限，需要将正背面都表达出来。

男装产品设计要素

课程名称： 男装产品设计要素

课程内容： 流行与设计、款式与设计、面料与设计、色彩与设计、图案与设计

课题时间： 6课时

教学目的： 让学生掌握各种设计要素在男装设计中的应用。

教学方式： 多媒体、实物相结合进行教学，并增加市场调研的环节，让学生了解男装市场的设计动态。

教学要求： 1. 让学生了解流行及影响流行的因素，并掌握流行与设计应用的关系。

2. 让学生掌握男装款式设计的理念和要素，了解设计与男性体型特点的关系，以及辅料设计的重要性。

3. 让学生掌握面料的设计语言和如何选择面料，这是男装设计的关键。

4. 让学生掌握如何将流行色彩应用在设计之中、如何在设计中管理色彩，以及了解男装设计中使用的主流色彩。

5. 让学生了解图案的分类及特点、图案选择的要素、图案的工艺特点以及图案与款式造型的关系。

课前准备： 1. 找一些典型的男装设计款式。

2. 准备一些面料和图案实样让学生了解。

第三章　男装产品设计要素

男性通过服饰来彰显自己的身份、地位和气质。他们注重整体的包装和细节的设计，注重服装所蕴涵的理念和文化。就男装产品设计而言，包含了流行、款式、色彩、面料和图案五个设计要素：流行是动态的，设计师要不断地跟随流行、引导流行，这样才能引起消费者的关注；款式是服装造型的基础，面料是体现款式结构的物质保障，色彩既是品牌个性的体现，又是创造人们心理活动和审美感受的重要因素，款式、色彩、面料之间存在着相互制约、互为整体的关系；工艺则是产品设计中品质的保证；独特的图案可以让设计与众不同，增强服装的个性和文化性。

第一节　流行与设计

一、关于流行

（一）多元化的概念

流行是一个多元化的概念，它不仅指服装，还涉及文化、建筑、生活方式、艺术思潮、宗教等。服装流行与否取决于它在不同程度上所具备的艺术性、功能性、科学性以及市场性等众多因素。

（二）循环的过程

流行是反复循环的过程，比如某年的服装是对 19 世纪 70 年代服装的重新演绎，而上一年则可能是 19 世纪 60 年代服装风潮的再流行。又比如说色彩从 20 世纪开始流行红色系、橙色系，几年之后红色系、橙色系不再流行，而近年来这两种色系又开始再次流行。

（三）流行周期

根据流行趋势在市场中的运动轨迹，可分为介入期、成长期、饱和期、衰退期和淘汰期，如图 3-1 所示。

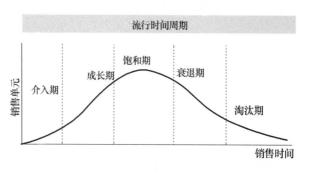

图 3-1　服装的流行周期

二、影响流行的因素

流行趋势的预测是针对当前经济、政治、社会、技术、文化状况等各种各样的资源进行调查的过程，依赖于对各种信息的分析，分析的结果会对每一季的色彩、面料、廓型、细节、图案等流行趋势产生影响。

（一）社会与经济

社会重要的事件，消费者的兴趣、价值观以及内在需求的变化，人口与体型变化，政治、经济以及社会的安定元素都会影响流行的预测，如图3-2所示。

图3-2 2012年全球化主题的流行色提案

（二）科学与技术

科技也会影响服装的发展，不仅影响面料的后整理处理、外观，不断推出新颖纤维、改良纤维，还在印花图案的制作方法等方面不断创新，如激光数码印花的产生，可以让消费者选择他们想要的印花图案。其次，科技也推动了网上购物的发展，电子商务得到了进

一步推广，很多高科技的电子软件被开发出来，消费者只要通过网上的试衣系统就可以了
解自己穿着这套服装后的整体效果。设计师与生产商之间的交易也可以通过互联网进行网
上交易，设计也采用了科学管理的手段。

（三）文化与艺术

一部新的电影、一种新的艺术流派、
一个新的音乐团体或是热播电视剧都会
引发新的时尚流行趋势。如近几年流行
的 HIP HOP 街头文化，对服装的冲击
力非常大，从高级服装发布会到时尚街
头服装，都能看到这一文化的传播，如
图 3-3 所示。

图 3-3　文化与艺术对服装设计的影响

三、流行与设计应用

设计师在关注流行趋势时，要进行理性、综合的分析，不能盲目追随流行。虽然国际
流行色协会发布的"流行色预测"是仔细的市场调研和综合分析得到的结果，但也不可避
免地存在人为因素，有时也会出现流行预测不准确的现象。如 2003 年预测的希腊色彩的
流行，专家们预测 2004 年奥运会在希腊的召开，会在世界上掀起一股希腊风，但结果却
没有流行。

追随流行趋势时，要与自身品牌的设计风格和设计特点结合运用。如 2011 年市场上
流行航海系列的流行趋势，很多男装品牌在产品设计中都采用了这个流行元素，只是运用
到各自品牌的产品系列和风格会有所不同，如图 3-4 所示。

2011年春夏 美国品牌C&A流行趋势应用

2011年春夏瑞典品牌H&M流行趋势应用

图 3-4　流行趋势的应用

第二节　款式与设计

一、款式设计理念

（一）设计对象研究

设计最终的目的是希望服装被消费者接受，因而，了解设计对象是最为重要的一项工作。需要了解设计对象的生活方式、体型特点、兴趣爱好、消费水平等，了解得越丰富，设计的针对性就越强。

（二）素材收集

进行款式设计之前，需要收集大量的信息，这些信息来自于设计师服装发布会、流行咨询网站及书籍，还包括面辅料市场开发信息、消费市场信息等。对收集来的信息要进行分析，同时记录一些款式及细节，为产品设计的展开打下研究的基础。

（三）主题设计

主题设计是产品开发的设计理念体现，从设计对象的生活方式、爱好、当前流行的艺术潮流以及概念款式的特点等方面去选择灵感图片。在主题设计里需要展现设计主题的名称、关键词以及设计说明。如图3-5～图3-7所示。

图3-5　以大学生为设计对象的"飞腾"主题设计　设计者：俞姣等

图3-6　以"魔方"为设计理念的主题设计　设计者：范佳翼

图3-7　以"睿思"为设计理念的主题设计　设计者：范佳翼

在进行主题设计的时候，要做到三点：一是选择的灵感图片要与主题紧密相关，图片的内容有着相互联系，围绕着同一个主题；二是要对收集到的图片进行处理，去除一切与主题无关的文字或字母；三是图片要清晰，分辨率高。

二、款式设计要素

款式设计要素包含了廓型、细节、质地及色彩四个方面。

（一）廓型

男装的廓型变化非常缓慢，不会从一个极端到另个一极端。对于男性来说，主要有H型和T型，如图3-8所示。除此之外，斗篷式的A型以及O型等其他外轮廓造型在男装设计中则比较少见。虽然现代男性着装受中性风的影响，比如吸收女性化收腰、紧身的设计特点，但受男性身材特征的影响，总体给人的感觉还是H型。

图3-8 男装主要的外形

外轮廓造型设计与男性的体型特点密切相关，影响外轮廓造型的主要因素是肩宽、胸围、腰围、下摆之间的比例以及衣身的长短，如图3-9、图3-10所示。细节的变化也会影响外轮廓造型，如领口的高低、领面的宽窄、衣身的长短、胸围与腰围的比例，如图3-11、图3-12所示。

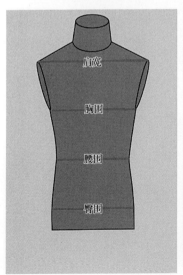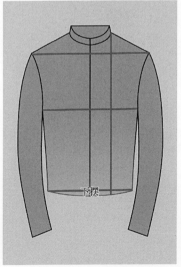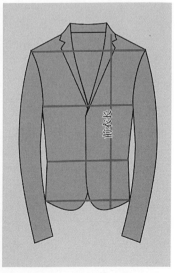

图3-9 影响男装外轮廓造型的关键部位

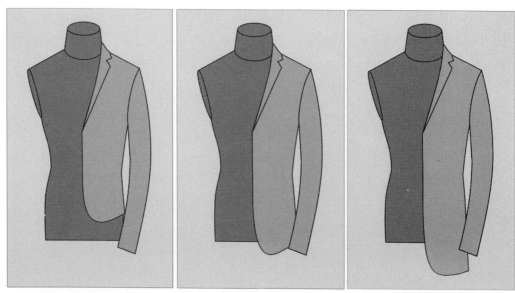

肩、胸、臀的尺寸不变，衣长变化

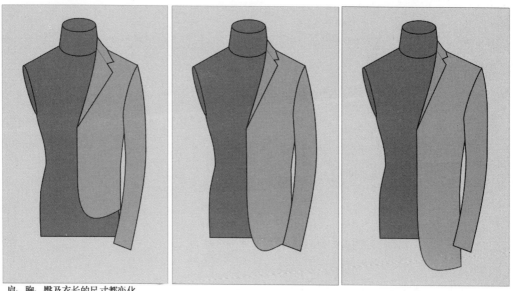

肩、胸、臀及衣长的尺寸都变化

图 3-10 男装外轮廓造型的变化 1

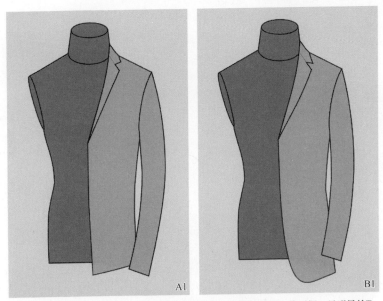

A1和B1的外轮廓造型区别：二者胸围、肩宽一致，前者不收腰，收下摆，呈明显的T
型；后者收腰，下摆略宽松，呈收腰的H型。

图 3-11　男装外轮廓造型的变化 2

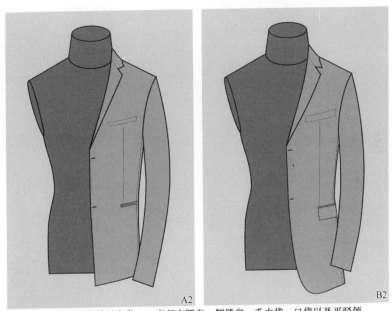

A2和B2存在细节设计的变化：二者都有腰省、侧缝省、手巾袋、口袋以及平驳领。
前者手巾袋和领面细窄、精致，袖长加长，后者手巾略大，袖长为正常袖长的长度；
前者的设计比较有个性，后者的设计较为常规、大众。

图 3-12　结构细节的变化

　　裤子的外形变化与臀围、腰围、横裆、上裆相互之间的比例关系以及裤子的长短有
关。上裆的高低不同会出现高腰、中腰、低腰的不同设计，近几年流行的哈伦裤，它的上

档特别长。横档的宽窄则影响穿着的舒适性：横档宽则比较舒适，有宽腿直筒裤、哈伦裤、萝卜裤等；横档窄则有铅笔裤等设计，如果脚口变大，就是喇叭裤了。如图 3-13、图 3-14 所示。

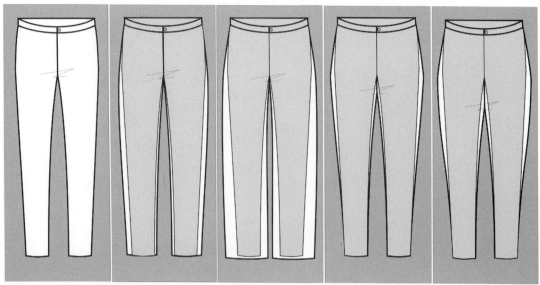

裤子廓型的变化与臀围、横档、脚口以及上档的长度有关。

图 3-13　裤子廓型的变化 1

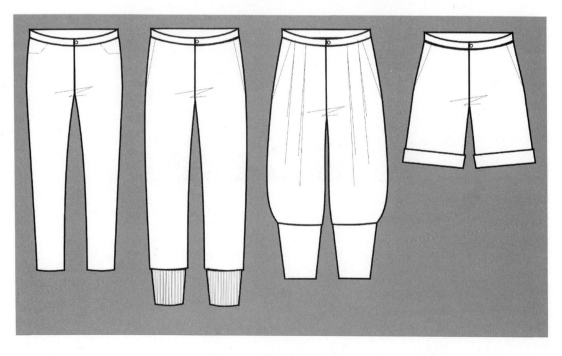

图 3-14　裤子廓型的变化 2

（二）细节

男装的廓型设计一直以来变化不是很大，细节是男装的设计重点。细节设计包含了款式结构、装饰、零部件、内部工艺结构以及辅料的细部设计。

款式结构是指通过分割变化、省道转移等设计手法进行的细节设计，如图 3-15 所示。

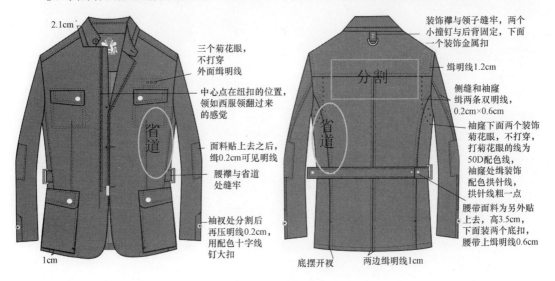

图 3-15　休闲西服的细节设计

装饰包括面料的拼接、辅料的装饰（包括拉链及拉链头、商标、里料、垫肩等的应用）、工艺的装饰（如拱针、缉明线、包边、毛边、嵌条等的应用）以及不同图案的装饰运用等，如图 3-16～图 3-19 所示。

图 3-16　珠锈、钉扣、拼接、嵌条的装饰性设计

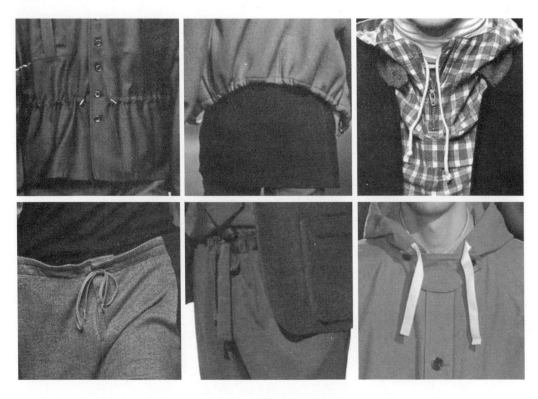

图 3-17　绳子的装饰性设计

图 3-18　拼接的装饰性设计

图 3 - 19 图案的装饰性设计

　　零部件的设计是针对不同的服装部位如领子、肩部、胸部、帽子、腰部、口袋、门襟、袖子、袖口、脚口等进行的设计，如图 3 - 20～图 3 - 22 所示。

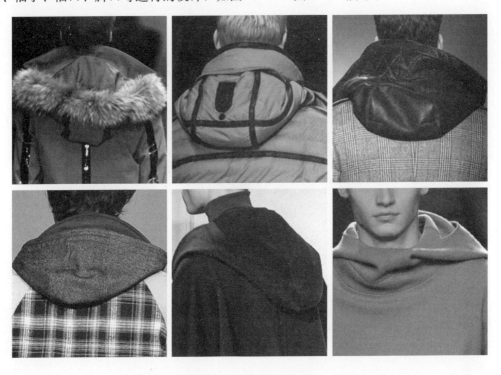

图 3 - 20 帽子的细节设计

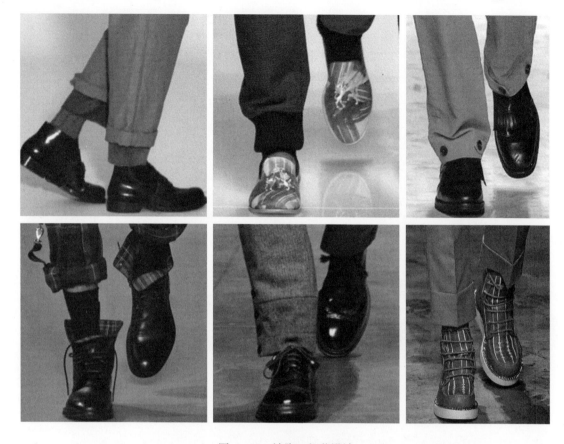

图 3-21 裤脚口细节设计

图 3-22 领子的细节设计

　　内部结构分为全里衬、半里衬、无里衬的工艺设计。在男装的细节设计中，内部设计也是关键，经常会在内部设计中采用不同面、里料的拼接，或采用撞色里料、撞色线条、装饰性口袋等多样的设计手法，以此体现男装含蓄而饱满的设计风格，如图 3-23、图 3-24所示。

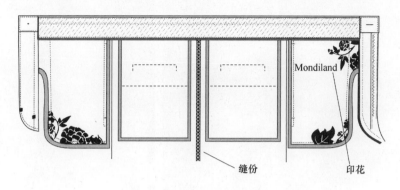

图 3-23 休闲裤内部工艺结构的设计 设计者：陈飞舟

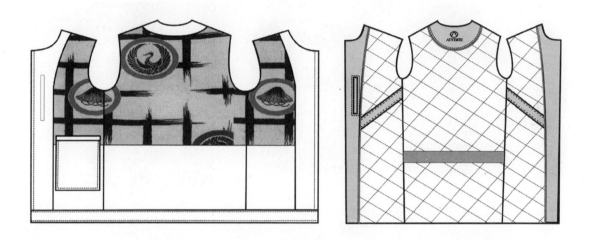

图 3-24 夹克内部工艺结构的设计 左图设计者：傅莉亚 右图设计者：张剑峰

（三）质地

质地是外观、手感以及纱线组织结构的综合体现，是影响款式设计的重要元素。同一种纤维可以通过多样的织法得到不同的质地，比如同是一种棉的纤维面料，可以是硬挺厚重的质地，也可以是柔软舒适甚至是宣纸般的质地，如图 3-25 所示。

同一种服装款型采用不同质地的面料会形成完全不同的着装感觉。皮质的面料骨架感较好，有较好的塑形性；丝绒的面料柔软、没有骨架，因而服装塑形性相对差些；毛料挺括、舒适，有较强的塑形性，并且由于毛料是弹性纤维，还可以通过工艺手段加强造型感，如图 3-26 所示。

（四）色彩

1. 色彩感情

色彩是有感情的。在色相环中，越接近色相色的色彩，其表现的感情越为强烈。一旦

柔软无骨架　　　　　　轻柔略有骨架　　　　　　舒适略有骨架

滑爽有型　　　　　　舒适有型　　　　　　舒适有骨架

图 3 - 25　棉的不同质地

某一色彩被加入白色之后，就会被提高明度、降低纯度，那么它的色彩感情就会显得单纯、明快；反之，越接近黑色的色彩感情越凝重、沉稳；而中间的色彩则带灰质，显得质朴、典雅。如图 3 - 27 所示。

2. 色彩体系

国际上，主要应用的色彩体系有蒙赛尔体系、日本的 PCCS 体系、中国的 CCS 体系。其中，PCCS 将色彩分成五个等级，分别是亲近、洗练、力动、信赖、自然，每个区域都有不同的感觉。亲近感区域的色彩表现出快乐、生机勃勃、活泼；洗练感区域的色彩表现出优雅、有品质感、有品位；力动感区域的色彩表现出中性、运动；信赖感区域的色彩表现出认真、严谨；自然感区域的色彩带灰调，体现大地、大自然的朴素感。男性喜欢锐利、冷静、饱含力量的色彩，最能体现男性的色彩是纯色以及与纯色相近的暗色调，因此信赖感区域的色彩是男装设计中使用最多的色彩，其次是力动感和自然感区域的色彩，富有都市气息的灰色调以及泛含灰色的冷色系也是男性较为喜欢的色彩，如图 3 - 28所示。

|格子面料|丝绒面料|皮革面料|印花面料|
|羊毛面料|棉布面料|牛仔面料|针织面料|

图 3-26　不同质地的面料做成的裤子

3. 款式与色彩

　　男装设计在定好款式和面料的质地之后，选择什么样的色彩很关键。有些款式适合做单色，而有些款式适合用撞色。一般情况下，男装的配色会比较含蓄，采用单色、同一色系的设计比较多，或者在局部的细节如领的内领、裤里布、内门襟等局部采用撞色，如图 3-29 所示。运动系列的款式设计采用撞色就比较多，能体现出明快和动感。

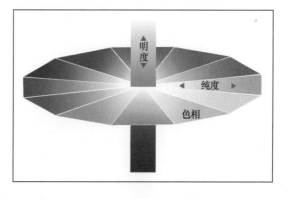

图 3-27　色彩三要素图解

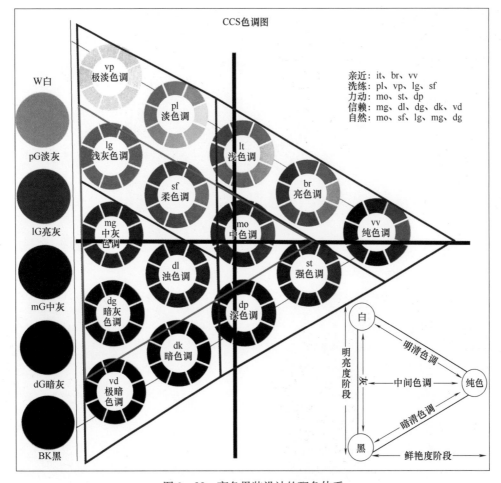

图 3-28　商务男装设计的配色体系

　　男装的款式尤其是 T 恤、毛衣类，每一个款式都会包含很多种色彩，应对不同消费者的情感需求，满足消费者的喜好，如图 3-30 所示。

4. 不同配色有的情感表述

　　同一色系的配色含蓄，色彩的情感特征比较明显；邻近色彩的配色是一组自然色系的配色，较为生活化，色感丰富；对比色彩的配色中，两个色彩感情都非常丰富，互相影响，是一组活跃、对比很强的搭配；无彩色和有彩色的搭配中，有彩色往往会影响整体情感的表现，而无彩色起到协调的作用。配色非常复杂，还需要考虑当季的流行色、品牌用色以及消费者的肤色等，如图 3-31 所示。

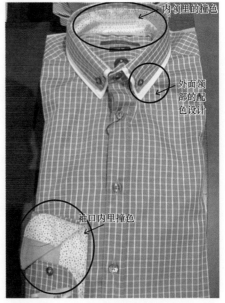

图 3-29　商务男装含蓄的配色

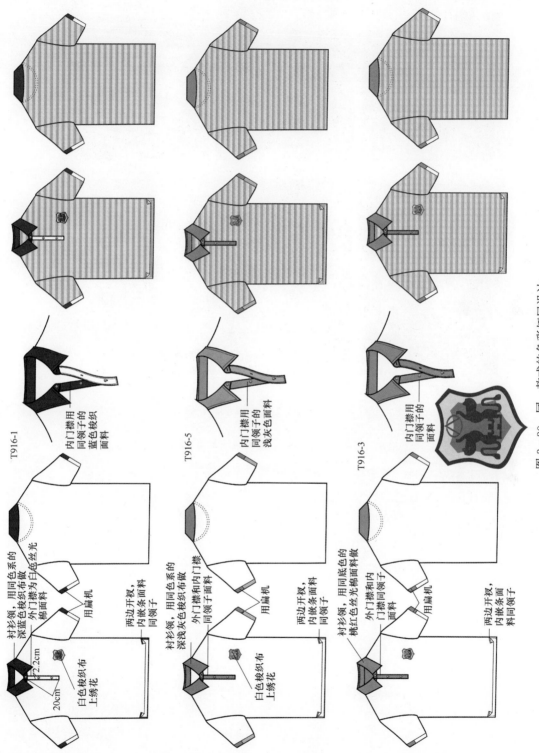

图 3 - 30　同一款式的色彩拓展设计

对比配色　　　　　　　　　邻近配色　　　　　　　　　同一配色

无彩色配色　　　　　无彩色与有彩色配色　　　　不同质料同一配色

图 3 - 31　男装设计的不同配色方案

5. 季节用色

随着人们审美眼光的不断提高，季节性色彩逐渐被采用，比如男性在春夏季会选择明快、轻便的色彩，让自己的心情更加愉悦。

三、体型与款式设计

在第一章里，已经探讨过不同男性的体型特点，然而在实际的人群中，除了年龄造成的不同体型特点外，男性个体之间的体型差异也非常大。有些经常运动的男性，肩部较为发达，腰细，呈完全的倒梯形；有些男性，比较瘦弱，腰细、胸窄；有些男性较为肥胖，胸宽、腰粗、大腿根厚实；有些男性肩比较斜，有些比较平，还有些比较窄，等等。

（一）体型与款式造型

作为设计师，对款式造型的理解要全面，除了设计新颖、时尚的款式，还需要从男性体型角度去设计款式造型，也就是对款式造型尺寸的把握。图 3 - 32 所示的是一件夹克的设计，适合于标准型或者瘦弱型的男性穿着，肥胖型的男性穿着会不舒适，一方面是因为底边的针织克夫刚好在肚子的位置，肥胖型男性的肚子比较丰满，会穿着太紧或者无法拉拢，而拉链的设计更会凸显丰满的肚子。图 3-33 所示的男装款式将门襟改为纽扣，衣身加长，遮盖了凸出的肚子，比较适合肥胖的男性穿着。

图 3-32　适合年轻男性的款式　设计者：唐虹婷　　　　图 3-33　适合有肚子男性的款式

设计师对上两个款式造型的尺寸把握可以参考下表中所示的具体尺寸。

造型尺寸对比表　　　　　　　　　　　　　　　　单位：cm

规格 175/92A	肩宽	胸围	底边围	衣长	袖长
图 3-32 所示的男装款式	48	120	112	66	65
图 3-33 所示的男装款式	48	120	120	71	62

（二）体型与号型设计

由于地域差异造成的饮食习惯等不同，南北方的体型差异很大。相对来说，北方男性要比南方男性高大、壮实。同样，欧洲男性和东方男性相比，欧洲男性比东方男性高大、雄壮。

中国的号型分为 A、B、C 三类。A 为标准的体型，C 为超大的特殊体型，B 则是介于二者之间的体型。欧洲的号型分为 S、M、L、X、XL 等。

四、辅料设计

男装款式变化不大，然而细节设计却丰富多彩，尤其是辅料的设计，已成为男装之中必不可少的细节设计。辅料设计既包含了辅料质地、花型的设计，也包含了里布、纽扣、织带、四合扣、撞钉、装饰线、商标、拉链头等的设计。

（一）辅料的形状设计

辅料的形状设计可以借用品牌的 LOGO 进行设计，也可以根据当年流行的某一图像进行设计，使之具有一定的象征意义。如图 3-34、图 3-35 所示，是一组为某公司设计

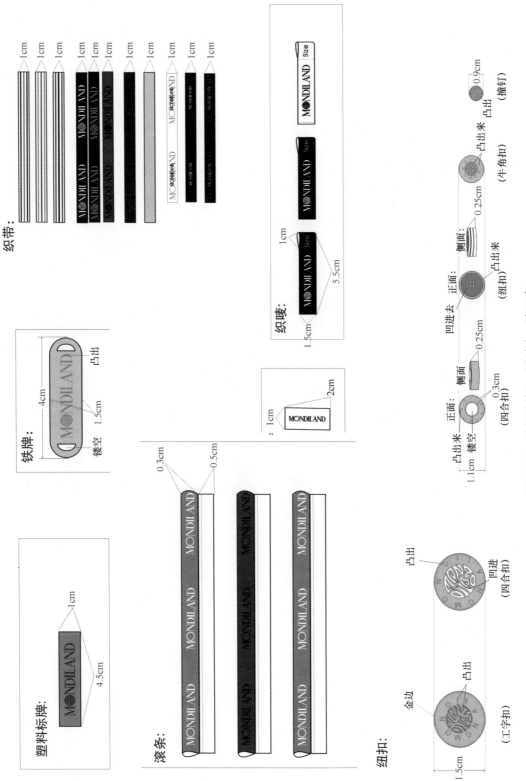

图 3 - 34　辅料设计 1　设计者：陈飞舟

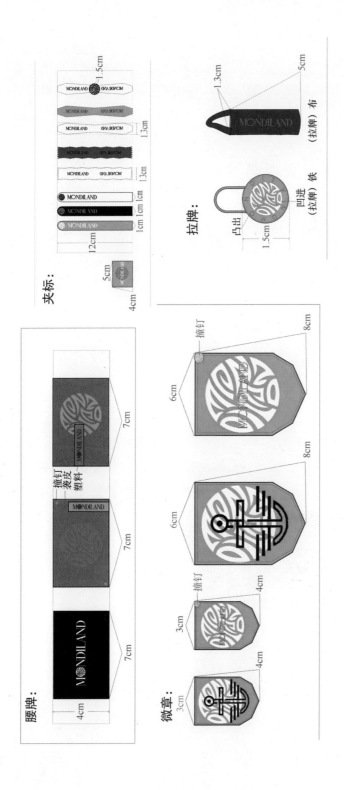

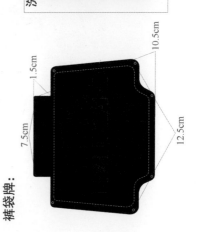

图 3 – 35　辅料设计 2　设计者：陈飞舟

的辅料，包括拉链头、滚条、织带、皮带襻等，以 LOGO 为元素进行了系列的方案设计，可供备选。

（二）辅料的材质选择

辅料中纽扣的材质主要有金属、树脂、尼龙、皮、棉、牛角等。里料的材质用得最多的是涤纶、黏胶、棉等。

第三节　面料与设计

面料是男装设计的关键。对于男装设计师而言，了解面料的类型、特性、品质以及流行性是十分重要的。

一、面料感官语言

作为男装设计师，要了解面料感官语言，通过面料的纤维含量、重量、外观（织物的质地、光泽、图案以及后整理）、悬垂性、手感、价格、品质等来感知这款面料是否适合设计的款式类型及对应的消费群体和季节。

（一）纤维

纤维的审美特征包括光泽、悬垂性、质地以及手感。面料是由不同的纤维所织造的，同样是棉的纤维，既可以织成针织面料，也可以织成机织面料，不同的织法还可以形成不同的外观特征。如丝的手感柔滑、细腻，羊绒的手感柔软，麻的手感粗糙等，如图 3-36 所示。

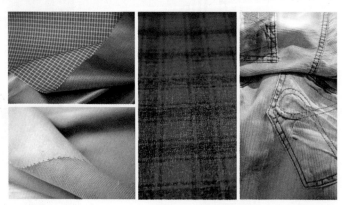

图 3-36　不同纤维的外观效果

（二）重量

面料的重量通常是以盎司/平方码或盎司/码来计算的。对比不同面料的重量时，有必要确定是在同一计算单位上进行重量比较的。

选择面料时，要考虑面料的重量与成衣的销售季节、在所穿着环境中的功用以及成衣风格相吻合。比如选择男装的精纺面料、衬衫面料时，要考虑面料重量是影响成衣的服用季节和风格的重要因素。

（三）外观

面料的外观是指色彩、质地、光泽、图案和装饰等方法形成的面料或服装的外观印象。面料的外观不仅表现在纤维材料的混合运用上，还特别表现在纱线和面料的组织结构上，如粗纱与细纱的交织与合股、哑光与闪光纱线的交织与合股、毛绒纱与光滑纱线的交织与合股、密实结构与疏松结构的交错等，多种不同形式的组合创造出丰富多彩的表面效果。

图 3 - 37　成衣染色

1. 色彩

织物的色彩是通过纤维染色、纱线染色、布匹染色、成衣染色或者任何一种印花缎来获取，如图 3 - 37 所示。

2. 质地

织物的质地是通过对纤维或纱线选取特定的织造手法或者应用毡化、压花、拉绒、涂层或仿麂皮等后处理工序来获取，如图 3 - 38 所示。

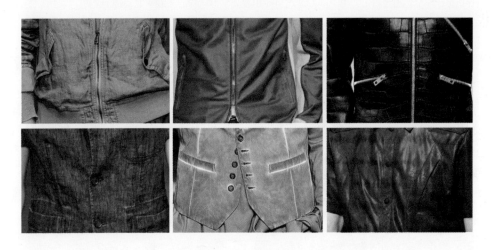

图 3 - 38　面料质地

比如利用涂层这种后处理工序获取的织物质地，通过涂上橡胶涂层、聚氯乙烯（PVC）、聚氨基甲酸酯（PU）或者蜡，使面料具有防水性能。经过涂层处理的面料表面有光泽，手感富有韧性。

3. 光泽

光泽指的是面料反射的光亮度。面料的光泽不仅取决于纤维内在的光泽，还取决于纤维的长短、纱线的结数、面料的织法以及打光或者上蜡等后处理工序，如图 3-39 所示。

图 3-39　面料光泽

4. 图案

面料的图案可以通过织物结构和后处理工序的改变来获得。可以使用条纹、提花、针织嵌花以及网眼等织物结构来获取图案。制作图案的后处理工序包括压花、植绒处理以及印花等。

不同的图案、色彩和纹理可以通过不同的方法印制在面料上，如丝网印花、手工模块印花、滚筒印花、单色印花、手绘印花或者数码印花等，如图 3-40 所示。

图 3-40　面料图案

5. 装饰

装饰是在面料表面添加设计点，这会给面料带来立体和装饰的外观效果。装饰工艺包括刺绣、贴绣、珠绣、剪切、植绒、胶印和面料造型等，如图3-41所示。

（四）悬垂性与手感

面料的手感是指面料触觉上的品质，它受纤维含量、纱线、面料结构和后整理因素的影响。与面料手感相关的是面料悬垂性。悬垂性是指面料的悬垂（悬挂、紧贴、飘垂）和弯曲（褶裥或碎褶）。面料的手感和悬垂性决定了制成服装的款式和线条。

（五）品质与价格

品质对于面料的价格是一个很大的影响因素。同样是棉纤维面料，由于棉的产地、支数的不同，其价格差距也非常大。支数越高的棉面料，其工艺要求也越高，其他的羊毛、羊绒面料也如此。有些高科技、新开发的面料在市场上找不到，这种类型的面料的价格非常高，

图3-41　面料装饰

但是由于其面料外观的特殊美感和服用的舒适性，受到消费者的喜爱。

二、面料选择

面料是影响服装外观审美、功能性、服用性能以及产品利润的关键因素，选料过程是产品开发最关键的步骤之一，选择正确的面料会给服装添加时尚感，使产品与众不同。面料是影响顾客购买服装的重要因素。

设计师在选择面料时要考虑三方面的因素：面料与流行、面料与品牌、面料与款式。

（一）面料与流行

面料的研发一般会比服装的开发提前半年以上，以保证服装及时开发。每年3月和9月在法国巴黎举办的PV展是世界上最大的面料展会，全世界的服装设计师、面料设计师、纱线研发者以及流行趋势研究者都会聚在那里。除此之外，全球各地还有其他形形色色的小型面料展、纱线展览会和面料推介会。在中国，每年会有两次大型的面料展览会。一次是4月在北京举办的面料展，一次是10月在上海举办的面料展。面料展一般都会提供下一季面料流行的趋势和色彩流行的趋势。4月的面料展提供的是下一季秋冬的面料流行趋势，10月的面料展提供的是下一季春夏的面料流行趋势。

流行趋势杂志也会对下一季或者再下一季面料的趋势、色彩、纤维、手感、后整理、结构以及图案提出指导性的意见，如图 3-42 所示。

图 3-42　面料流行趋势指导

(二) 面料与品牌

面料与品牌设计的关系，主要从材料的性能、风格和成本上进行考虑。

不同的面料性能会产生不同的设计感觉。比如羊毛手感柔软、色泽温和、容易起皱，大多被用做高档正规男装的设计。涤纶洗涤方便，不易起皱，容易保养，可用做男装的职业服设计。

不同的面料风格也会产生不同的设计感觉。同一种面料，由于织造风格的不同，会产生不同的设计感觉。比如泡泡纱肌理的棉布，适合休闲风格的男装夹克衫、休闲裤、休闲衬衫等设计。

顶级的服装品牌和一些著名的服装品牌，它们的面料是面料开发商为它们的品牌量身定做的，也就是所谓的定织定染，市场上不会出现这样的面料。现代国际上卖得最好的男装品牌之一杰尼亚就是依靠其强大的面料开发能力在男装市场上独树一帜。Hugo Boss 有 80％以上的面料是面料商为其专门设计的。迪奥、夏奈尔（Chanel）等世界顶级品牌都是自己与面料商共同开发面料，使其设计的服装样式独一无二。

面料成本是品牌设计中需要重视的问题。因为服装打折、积压、加工以及各种管理、营销费用等各种因素的影响，制作服装的面料价格与实际销售之间会有几倍以上的价格差。也就是说服装的利润比面料的利润要高得多。

(三) 面料与款式

男装设计中，款式变化不是很大，然而随着人们生活方式的改变，在同一款式设计中，越来越多地采用不同的面料去形成不同的视觉效果和风格特征。比如西服的面料，开始只采用精纺和粗纺的羊毛面料，后来棉、麻等天然面料也被应用到男装西服设计中。近几年，轻薄的化纤面料、针织面料也开始被运用在休闲西服的设计中。

第四节 色彩与设计

一、流行色彩应用

每季的流行色并不只是一个色彩的流行，而是几个主题色系的流行，由不同机构发布的流行色，每一季至少有上百种，如图 3-43、图 3-44 所示。作为服装设计师，如何选择流行色对服装设计十分重要。

图 3-43 流行色主题

（一）流行色与季节

每年的流行色都是一组色系的流行，并且在接下来的几季只会在色相上有略微的区别，如图 3-45 所示。

在产品设计中，每一季的色彩不要太多，要形成几大色块，否则会杂乱无章、主次不分。除了常用的黑色、白色、米咖色、藏青色色系等，点缀色可以采用流行色，使用常用

暖色调

17-1654 TCX	17-1937 TCX	15-2913 TCX	14-1508 TCX	13-1405 TCX	11-2309 TCX
8581-C	17-1723 TCX	17-1612 TCX	18-1436 TCX	15-1231 TCX	14-1217 TCX
18-1048 TCX	17-1028 TCX	16-1448 TCX	16-0947 TCX	13-0858 TCX	12-0643 TCX

冷色调

18-0322 TCX	18-6330 TCX	16-6340 TCX	18-0324 TCX	16-0836 TCX	13-0650 TCX
19-3952 TCX	19-4227 TCX	17-5633 TCX	17-0215 TCX	16-4728 TCX	15-5218 TCX
19-3925 TCX	19-3915 TCX	18-3513 TCX	17-3612 TCX	17-3910 TCX	16-4013 TCX

中性色调

8003-C	15-0000 TCX	14-1217 TCX	12-1404 TCX	11-0701 TCX	11-4201 TCX
16-1317 TCX	16-1422 TCX	16-1310 TCX	15-1119 TCX	15-1116 TCX	14-1116 TCX
19-1111 TCX	19-0712 TCX	18-1312 TCX	17-0205 TCX	17-1210 TCX	16-3801 TCX
19-0303 TCX	8403-C	18-0000 TCX	8400-C	15-4101 TCX	11-4801 TCX

图 3-44 流行色

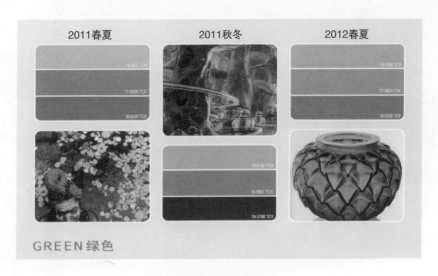

图 3-45 流行色的季节循环

色的相似色、对比色或补色。相似色给人一种比较和谐的感觉，而对比色和补色可以根据色彩的补色原理，产生视觉上的平衡和丰富感。

图 3-46 所示的是某品牌在某一季所采用的其中两组色块：蓝色系和米色系。他们都在色系范围内采用不同的花样、图案、面料，造型上以大块面的色彩设计为主，简洁、整齐，呈现出有序的色彩设计和多样的款式设计，形成丰富多彩的视觉效果。另外，款式搭配性强，形成整体的色彩感。

图 3-46 季节色彩的开发

(二) 流行色与品牌应用

1. 品牌个性用色

流行色在品牌中的应用要符合品牌的个性。有些品牌在进行产品开发时，不追随流行色，而是一直坚持使用属于自己品牌的个性色彩，如 Dior Homme 品牌，一直采用黑、白以及少量的灰色，如图 3-47 所示。奢侈品牌高田贤三是以擅长使用色彩而出名的品牌，在选择品牌流行色的时候，会选择跳跃、清新的色彩，彰显其鲜明的色彩情感，如图 3-48 所示。大多数品牌会根据自己品牌的定位选择流行色，体现时尚性。

图 3-47　Dior Homme 品牌色系

图 3-48　高田贤三 2011 春夏流行色系

2. 流行色与风格用色

不同风格的服装采用的流行色也各不相同。

商务品牌用色干净、利落，没有太多的装饰感，即使选用花色面料，也以块面为主。意大利高级成衣品牌杰尼亚，是商务品牌的典范，它率先采用时尚流行色彩，引导商务品牌的潮流，如图 3-49 所示。

杰尼亚2012春夏作品组图

2012春夏流行色

图 3-49　杰尼亚 2012 春夏流行色系

运动品牌比较喜欢使用明快、饱满的色彩。休闲品牌用色比较丰富，通过色彩的装饰性加强服装的休闲感。图 3-50 所示的是 Hugo Boss 2006 年休闲服装系列的色彩选用。

图 3-50　Hugo Boss 2006 年休闲系列流行色应用

3. 流行色与款式用色

在产品设计中，要从整体的角度考虑产品的用色。男装用色比较含蓄，尤其到了冬季色彩更是偏灰暗，为了在产品中营造时尚、鲜活的视觉效果，需要运用流行色在产品中适当点缀，目的是为了在与鲜艳色的对比中突出其他色彩，并且使产品在店里鲜活起来。

根据不同品牌的个性和形象特点，同一流行色会采用不同的色度。图 3-51 所示的就是不同品牌男装采用了同一绿色，但是由于所采用的面料和款式不同，所表现出来的服装效果也不一样，共同点是都有时尚的元素在品牌中体现。

流行色既可以作为品牌的主要色彩来使用，也可以作为点缀色来使用。图 3-52 所示的是杰尼亚品牌 2007 春夏的产品，流行色绿色在饰品和服装上有着不同的运用。

流行色绿色在不同品牌中的应用

图 3-51 同一色彩在不同品牌中的运用

图 3-52 2007 年春夏杰尼亚品牌的绿色运用

（三）流行色与设计应用

选择流行色进行产品款式设计时，应考虑自身品牌的个性特点和目标消费群对色彩的需求。一般而言，流行色运用在毛衫、T恤等大块面的服装款式中，或者少量地用在条纹、格纹、几何形等图案以及嵌条、撞色线之中，也会用于比较含蓄的里襟、里布等，如图3-53、图3-54所示。

2006年秋冬Hugo Boss
同一个玫红色在服装中的不同应用

图3-53　流行色与设计应用1

2006年秋冬Hugo Boss
同一个橙色在服装中的不同应用

图3-54　流行色与设计应用2

二、色彩规范管理

在产品设计中，通过色彩管理进行色彩规划、色彩规范和色彩确认，以确保色彩的标准应用。

（一）色彩规划

国外于20世纪70年代首先推出了色彩营销战略：通过研究和了解消费者的色彩心

理，恰当地定位商品，然后给产品、包装、人员服饰、环境装饰等配以合适的色彩，使商品成为"人——心——色彩——物质"的统一体，将商品的思想传达给消费者。

在每一季的产品开发前进行色彩规划是色彩营销的重要环节，通过主题板的形式确认几组色彩作为下一季的产品用色。色彩规划时既要考虑流行色、目标顾客群的主观色和喜好色，还要考虑色彩与性格、色彩与性别、色彩与心理、色彩与材质等之间的关系。

（二）色彩规范

色彩规范是运用色彩科学原理进行数据化的色彩、色度测量，使每一种色彩都可以进行复制，方便网上进行确认和交易以及色彩质量的认定。在产品设计中，会涉及不同的供应商来制作服装，这时采用数据化色彩标准就可以规范色彩，便于产品的色彩统一。

国际上采用较多的标准色彩规范系统是 PANTONG 色卡，最开始在纱线或面料的色彩打样时，开发商会提供 PANTONG 色卡上的色号给供应商，以便进行色彩的统一管理。

（三）色样确认

开发商提供给供应商色彩打样，最后环节还是需要开发商再进行色样的确认。一般情况下，供应商会将同一个颜色打 3 个色样供开发商确认，设计师可从其中挑选一个色样作为最终的确定色。

三、男装主流色系

色彩不仅是一种情绪的表达，而且还会左右人的情感、情绪和行为。在当今感性的消费时代，它会引起消费者的购买欲望、促进消费者购买。

男装设计中使用最多的色彩主要包括无彩色系、蓝色系、米色系、咖啡色系等。

（一）黑、白、灰无彩色系

黑、白、灰是服装设计中最常用、最大众的色彩。但从色彩角度而言，黑、白、灰是无彩色系，是明度的体现，如图 3 - 55 所示。

黑色给人神秘的感觉，也给人庄重感。灰色给人柔软和无助感，它与太空的色彩接近，因此也有速度与科技感，很少有性格的

图 3 - 55 无彩色系男装设计

表现，与其他色彩搭配时，不会影响其他色彩的性格特征。白色是纯洁的色彩，给人以淡然一切的感觉。

(二) 蓝色系

提到蓝色，我们可以深深地呼吸一下，轻轻地闭上眼睛，脑海中会浮现出一望无际的大海和无垠的宇宙，那是大自然中最富裕的色彩，也是最冷漠的色彩。蓝色给我们的感觉是平静、理智和纯净，是很多男性服装色彩的首选，它不像黑色给人一种神秘感，是优雅和朴实的色彩，如图 3-56 所示。

图 3-56 蓝色系男装设计

在中国，蓝色的使用很普遍，蓝印花布、唐三彩、青瓷器以及以前老百姓身上的蓝袍，是沉稳、朴实的象征。牛仔蓝是工装的色彩，很多国外男性都会拥有一件钻蓝色的衬衫和一套深蓝色的西服，以此体现朴实稳重的劳动气质。在制服设计中，蓝色是首选的颜色：一方面从色彩的心理角度考虑，可以让人感觉冷静与理智；另外就色彩的科学性而言，能使工作人员在工作过程中不易产生视觉上的疲劳。

正规礼服中的黑色其实是特别深的蓝色，体现出庄重、高贵的气质。

(三) 米色系

米色是介于咖啡色与白色之间的色彩，它具有优雅的都市气质和含蓄、内敛的美感。它比咖啡色多了几分清爽与纯净，又比白色多了几分温暖与高贵，也比灰色多了些情感，如图 3-57 所示。

米色可与很多种色彩搭配。例如，深色或淡色的上装配以米色或咖啡色的裤子，可以打破认为重色裤子显稳重的着装观念，给人以轻快、休闲的感觉，符合现代人的审美标准。

图 3-57　米色系男装设计

（四）咖啡色系

　　咖啡色让我们联想到秋天这一成熟的季节所带来的硕果累累以及苍茫的沙漠、坚韧的岩石。咖啡色能给人温文尔雅、端庄的感觉，如图 3-58 所示。

图 3-58　咖啡色系男装设计

　　咖啡色是中性色彩，它的色彩性格不是那么强烈，所以它可以和很多色彩搭配。但咖啡色与其他色彩搭配时，会给人很弱的感觉，因此，需要有对比强烈的色彩点缀来打破其模糊的色彩性格。

四、各民族对色彩的忌讳

　　由于不同国家、不同民族有不同的政治与宗教信仰，所以对服装色彩有不同的好恶。

以黄色为例，印度、缅甸等东方佛教国家，把黄色与"佛法光辉"的佛教教义相联系，广泛使用黄色。日本人也非常喜爱黄色，认为黄色代表了阳光。泰国把黄色作为皇室的标志，并习惯用黄色、粉红色、绿色、橙色、淡蓝色、淡紫色、红色分别代表星期一、星期二、星期三、星期四、星期五、星期六、星期日，群众按日期穿不同色彩的服装。而巴勒斯坦则对黄色表示厌烦。犹太人认为黄色不吉祥，是死亡之色，他们喜欢穿白色。与黄色相同，不同国家和民族对服装的颜色有不同的偏爱。伊斯兰教各国以绿色象征宗教，因此绿色受到民众的普遍喜爱。非洲土著人则喜欢鲜明的色彩。北欧国家喜好浅色和宁静素雅的颜色。基督教和道教以紫色表示神权，用在主教、牧师的教袍上。意大利、法国时装受新美术流派的影响，喜欢用新颖、活泼、对比强烈的颜色。

第五节 图案与设计

一、图案的分类

图案可分为抽象图案、具象图案、综合图案三种类型。

（一）抽象图案

抽象图案包括几何形图案及肌理所构成的抽象形态，是男装中用得较多的一种图案形式。

1. 几何形图案

几何形图案是指运用几何学中点、线、面的排列组合，创造构成的具有形式美感的图案，如图 3 - 59 所示。

图 3 - 59　几何形图案

2. 肌理图案

肌理可分为视觉和触觉肌理，是人对世间物质的自我感受。如木质材料的肌理，会让人产生粗糙、螺旋的感觉，而金属则让人产生凉、硬、滑的感觉，如图3-60所示。

图3-60　肌理图案

3. 数字图案

阿拉伯的数字图案，是一种记号的体现。因为数字往往跟运动员的编号联系在一起，因此，数字图案也可以看做是运动元素的图案设计，如图3-61所示。

图3-61　数字图案

(二) 具象图案

具象图案是运用图案构成的形式美法则，将自然形的素材进行艺术加工变化，设计成既具体又完美的图案形象。具象图案可分为花卉图案、动物图案、风景图案、人物图案以及建筑图案，此类图案在休闲风格的男装设计中使用较多。

1. 花卉图案

花卉是大自然生命的象征，各种花卉有着不同的象征意义。花卉图案可以通过归纳、分解、添加等手法体现，表现出风格独特的装饰美感，如图3-62所示。

图3-62　花卉图案

2. 动物图案

大千世界，动物的品种繁多，其形、色、神情、姿态应有尽有，与人类构成了非常亲密的平衡关系。动物图案深受人们的喜爱，可以通过动物图案来表达人的思想感情，如图3-63所示。

图3-63　动物图案

3. 风景图案

风景图案内容丰富、形式多样，是意境的表现，展现出以景寄情、情景相融的艺术效果，如图 3-64 所示。

图 3-64 风景图案

4. 人物图案

人物图案突出人物形象的美感表现，由人物的外在美和内在美构成，有的人物图案还会体现名人人物的特有魅力，如图 3-65 所示。

5. 建筑图案

建筑图案是对某种艺术流派、某时代或某地区的艺术思潮和文化的体现，如图 3-66所示。

图 3-65 人物图案　　　　　　　　图 3-66 建筑图案

（三）综合图案

在实际的运用中，可以将抽象图案和具象图案进行综合地运用，如图 3-67 所示。

二、图案选择的要素

在男装款式设计中，图案选择的要素要考虑图案的流行性、传统性、故事性、主题性以及象征性。

图 3-67　综合图案

（一）流行性

服装是一个时尚产业，时效性、流行性很强，因而在选择图案时，首先要考虑它的流行性，例如 2012 年流行花卉图案，如图 3-68 所示。

图 3-68　图案的流行性

（二）传统性

服装图案不仅有流行性，而且传统的图案由于文化因素也会被反复运用。例如条纹图案体现严肃和挺拔，是以前律师穿着较多的服饰图案，经典的格子图案则表现出休闲和正派，被广泛使用在男装设计中，另外，火腿纹的传统图案等也被现代男装设计所采用。

（三）主题性

为了体现一个设计主题，在每一季的产品开发中，设计师除了廓型、色彩的主题设计，在图案上也同样会进行一两个主题设计。比如路易·威登在 2011 年春季的产品中采用德国的一组建筑为图案题材，在服装中给予不同的运用。再比如说，优衣库（Uniqlo）在 2011 年春夏 T 恤的设计中，以 UT 为主题，采用了当年流行的各种卡通图案进行 T 恤的图案设计。

（四）故事性

设计师在设计服装时，会将图案内在的生命特征予以充分体现，让消费者产生心灵的共鸣。如 Dior Homme 在 2011 年春季服装中运用了"蜜蜂"的图案，"蜜蜂"图案的背后叙述了这样的故事：当年迪奥先生的祖父老家有个后花园，种满了各种花，蜜蜂经常光顾这里采蜜，另外，拿破仑的玉玺上也有个"蜜蜂"的图案，因而"蜜蜂"图案充满了勤劳、朴实和皇家贵族的气质，能让消费者产生心灵的共鸣。

（五）象征性

图案具有一定的象征性。例如在瑞士，猫头鹰象征死亡，忌用于商标；法国人忌讳黑桃、仙鹤图案，认为黑桃图案不吉利，仙鹤是蠢笨的象征；捷克斯洛伐克人则认为红三角是毒物的象征，等等。

三、图案的工艺实现

图案可以通过多样的工艺手段来完成，工艺的类型非常之多，不同的工艺手法会产生不同的外观特征和不同的触觉效果。这里介绍几种男装设计中常用的图案工艺手段。

（一）印花

印花可以通过传统的手工绘画或直接用电脑设计来完成。手工绘画的种类繁多，包括染色法、水粉画法、丙烯酸纤维法、标记法或蜡笔画法等；电脑设计则借助 Adobe Illustrator、Photoshop、Coreldraw 等软件来完成。

印花根据材料的不同，可以分为水性和油性。水性的材料有胶浆、水浆、亮片龟胶、厚板胶浆、金箔等，可以通过直接印花、拔染印花、防染印花、网版印花、滚筒印花等工艺来实现印花效果。下面介绍几种典型的印花工艺。

1. 网版印花

网版印花，使染料透过封住了部分网眼的网，从而制作出图案。每种染料必须用不同的网，因为一旦使用了某种颜料，墨就会被留在筛网上，如图 3-69～图 3-71 所示。

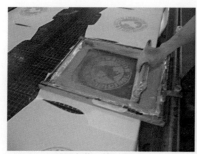

丝网印花，第二层　　　　　　高温烘干　　　　　　印花后成品

图 3-69　网版印花中的胶印

三色直接印　　　　　　　四色直接套印

图3-70　三色印、四色印

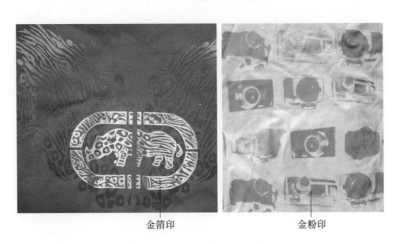

金箔印　　　　　　　　金粉印

图3-71　金箔印、金粉印

2. 厚版印花

厚版印花是分多次将图案印在面料上，厚度与印的次数成正比，有立体效果，如图3-72所示。

3. 水浆印花和拔染印花

水浆印花和拔染印花的效果一样，手感都比较软。只是水浆印花适合白色或浅色的面料，而拔染印花适合深色的面料。拔染印花是用化学物品把面料上某些部分的颜料去掉，从而生成较浅的颜色。拔染印花可以用滚筒印花法或网版印花法来完成，但成本相对较高，如图3-73、图3-74所示。

4. 植绒印花

植绒印花可以分为静电植绒和热转移植绒。静电植绒是直接将纸版上的绒放在图案上，然后利用静电使其牢固。热转移植绒是将纸版上的绒通过高温热转移到面料上，如图3-75所示。

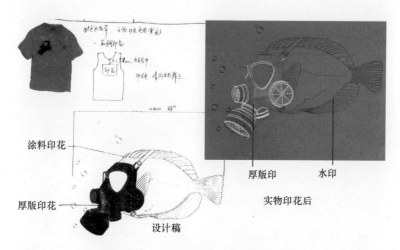

涂料印花

厚版印花

厚版印 水印

设计稿

实物印花后

图 3 - 72 印花设计稿：厚版印、水印

拔印背面

拔印正面

图 3 - 73 拔染印花

毛衫上拔印

T恤上拔印

图 3 - 74 不同材质上的拔染印花

热转移印花纸版　　　　　热转移印花实物涤纶面料

图 3-75　热转移印花

5. 油性印花

油性印花涉及热转移技术或者数字印花技术。这里介绍一下涉及热转移技术的油性印花。油性印花做好后印花部分会有一定的光泽。热转移印花的过程是把分散的染料首先刷到特殊的转移印花纸上，然后把纸放在布上，让纸和布一起通过大约 200℃ 高温的热转移印花机，高温和压力的作用会促使染料从纸转移到布上。这种技术能产生明亮、清晰、纹理细致的印花花纹，如果使用涤纶的面料效果会比较好，色泽鲜艳。如果使用棉面料进行热转移印花，完成之后还需通过高温水洗加固色牢度，但色彩的鲜艳度会减弱，如图 3-76 所示。

6. 数字印花

数字印花是使用电脑印花技术把图案直接通过电脑印在面料上。

(二) 刺绣

刺绣有手工绣和机器绣两种。手工绣可以分为苏绣、湘绣、十字绣等，机器绣可以分为平绣、链条绣、粗线绣、仿手工绣、珠片绣、混合绣等，如图 3-77～图 3-80 所示。

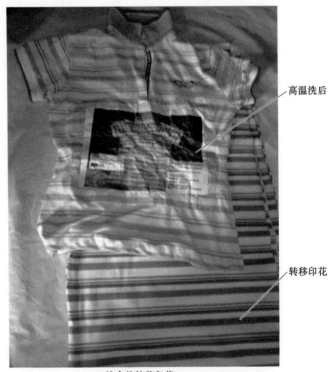

高温洗后

转移印花

棉布热转移印花

图 3-76　棉质面料热转移印花

图 3-77 手工毛线绣

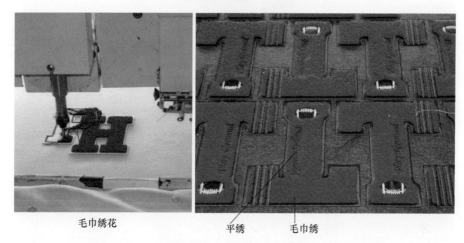

毛巾绣花

平绣 毛巾绣

图 3-78 毛巾绣、平绣等

链条绣

图 3-79 链条绣

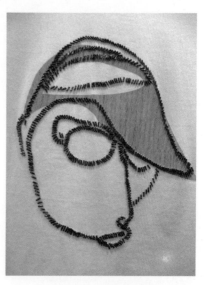

图 3-80 珠片绣

机器绣中使用的绣花纸有所不同，分为一般性绣花纸和水溶性绣花纸。一般性绣花纸的价格相对便宜，但绣好后绣花部分比较僵硬；水溶性绣花纸的价格贵些，但绣好后绣花部分比较柔软，如图3-81所示。

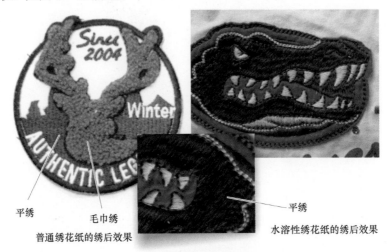

图3-81　不同绣花纸的绣后效果比较

刺绣和印花经常会一起使用，如图3-82所示。

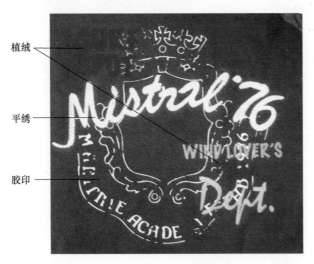

图3-82　刺绣和印花的混合工艺

（三）水洗

成衣水洗或面料水洗是现代服装设计中应用较多的一种工艺技术。成衣水洗的染色技术可以使设计的用色更加丰富、设计生产的时间缩短。在成衣水洗中，牛仔水洗的种类非常多，一件牛仔服装通过水洗可以产生多样的设计感觉，通过化学剂的中介可以达到不同的效果，主要有石洗、水洗、酸洗、靛蓝洗、漂白、颜料喷涂、喷沙、吊染、涮色、灰色洗、硫黄洗、雪花洗、烫金洗等方式，各种水洗的方式也可以结合使用。雪花洗是近几年比较流行的一种水洗方式，水洗后服装的损坏会比较多，每一件服装水洗后的效果会有所差别，随意性较大，如图 3-83 所示。面料水洗与成衣水洗有所不同，成衣水洗在缉线处有均匀的水洗痕迹，成为一个视觉上的设计点，而面料水洗则会增加面料水洗后的柔软度，体现舒适性。

图 3-83 水洗技术中的雪花洗

四、图案与款式造型

图案在款式设计中的运用是通过选择已有的面料图案，或者在面料、成衣中设计需要的图案。

（一）面辅料中的图案运用

面辅料中的图案运用，一方面是对已有面辅料图案的选择，另一方面进行与每季产品开发相关的面辅料图案设计，然后让指定的供应商打样、确认、生产。

（二）款式中的图案再设计

对里料图案的设计运用，以及对不同图案形状的纽扣、拉链头、撞钉、四合扣等小辅料的设计运用。

服装造型中图案本身的设计以及它的位置排列等都是图案设计。

成衣的印染设计，也是一种图案的表现，如图 3-84 所示。

图 3-84　成衣印染设计

五、图案与应用设计

图案的设计应用，要考虑服装风格、消费群体的年龄层以及各民族对图案的忌讳等。

(一) 服装风格与图案

商务风格所使用的图案元素以抽象、运动的小图案为主。

休闲风格所使用的图案元素根据休闲定位不同，采用的图案侧重点也会不同。休闲时尚品牌以流行的波普艺术图案、数字或者英文字母为主；个性休闲品牌则较少采用抽象艺术图案，以强调面料本身的质感和款式装饰细节为主要设计点。

运动风格所使用的图案元素，大多采用数字、抽象图案，或者以国旗的色彩和品牌的标志居多。

(二) 各民族对图案的禁忌

日本人喜爱的图案有松、竹、梅、鸭子、乌龟，但是禁忌菊花、荷花的图案；狗在泰国是禁忌的图案；新加坡人喜爱红双喜、大象、蝙蝠的图案；伊拉克、沙特阿拉伯等国家禁忌猪、熊猫、六角星作为图案；埃及人喜爱金字塔造型的连花图案，禁穿有星星、猪、狗、猫、熊等图案的服装。

思考题

1. 男装产品的设计要素有哪些?
2. 请谈谈你对色彩与流行应用关系的理解。

课后作业

设计三个系列的男装产品。要求服装成系列,有主题性,表达形式不限,需要有相关的设计说明。

男装单品分类设计

课题名称： 男装单品分类设计

课程内容： 礼服设计、西服设计、衬衫设计、夹克与外套设计、裤子设计、毛衫设计、T 恤设计

课题时间： 8 课时

训练目的： 让学生熟悉男装各种单品的设计方法和设计特点。

教学方式： 多媒体授课，通过大量案例和图片进行教学，激发学生学习的积极性。实操教学与项目相结合，让学生进行男装产品的单品设计练习。

教学要求： 1. 让学生熟悉男装礼服的设计方法和设计特点。

2. 让学生熟悉西服的设计特点和不同风格的西服设计方法。

3. 让学生熟悉衬衫的设计特点和不同风格的衬衫设计方法。

4. 让学生熟悉夹克与外套的设计特点和设计方法。

5. 让学生熟悉裤子的设计特点和不同风格的裤子设计方法。

6. 让学生熟悉毛衫的设计特点和不同风格的毛衫设计方法。

7. 让学生熟悉 T 恤的设计特点和不同风格的 T 恤设计方法。

课前准备： 准备一些典型的男装款式让学生了解它们的构成方式、工艺特点以及造型特点。

第四章 男装单品分类设计

第一节 礼服设计

一、礼服

礼服，是身份的象征。作为交往中的礼仪需求，男性穿着礼服时必须遵从国际男士礼服的穿着惯例和 TPO（Time 时间，Place 地点，Occasion 场合）穿着规则。现代男性在社会交往中的礼服，往往是以简洁、实用的黑色（实际是特别深的看起来像黑色的蓝色）西服套装为主，配以衬衫、领带（或领结）、皮鞋、深色袜子、皮包、手表等得体的服饰；也可穿民族性的礼服，如我国的中山装等。

礼服的面料品质要好，做工要精致。为了体现高贵气质，可选择有光泽感的面料，如图 4-1 所示。

图 4-1 古驰（Gucci）礼服设计

二、礼服的设计特点

根据穿着目的对男士礼服进行分类，可以分为宴会服、婚礼服等。宴会服根据穿着时间不同，又可以分为日间宴会服和晚间宴会服。日间宴会服的设计色彩最好选用无彩色系列（选用黑色较多）。面料以精纺羊毛为主，偏好素色或带有隐竖条图案的面料，体现端庄、高贵的气质。由于夜间灯光的影响，夜间宴会服的设计通常选择华丽的面料，如带光感的西服面料或者领面与大身不同质地的面料，比如领面是有光泽的面料，而大身是精纺的羊毛面料。由于是晚上穿，为了体现神秘感，色彩可以以深色为主，在服装的款式设计上也可以大胆一些，如图4-2所示。

图4-2 礼服细节设计

第二节 西服设计

西服是最适合男性穿着的一种服饰，自350年前形制大体确立之后，它的生产与穿着渐趋固定化、标准化，在色彩、造型、材料、工艺等各个方面都表现出了相当的功用性、严谨性、稳定性和科技性。由于西服是通过顺应男性的人体自然曲线而产生强健、大方的美感，因此西服设计一定要与被设计者的身材、气质相符。

一、西服的基本样式

西服的基本样式是驳领和止口设计在胸部，外形与男性体型保持合体，大身为六片，袖子分为两片，如图4-3所示。

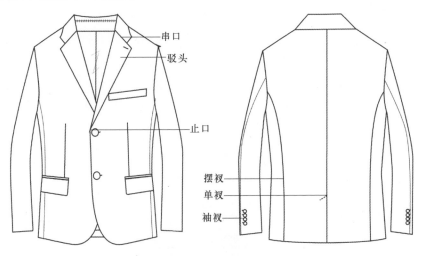

图4-3　基本型西服的设计

二、西服的分类设计

西服有正装西服和休闲西服之分。

（一）正装西服

正装西服是指上下装面料、色彩一致的服装，严谨端庄，正装西服也可以作为礼服穿着。在正规场合穿着的正装西服要搭配正装衬衫、领带（或领结），如图4-4所示。

图4-4　正装西服

正装西服的设计变化不大，主要体现在工艺、面料以及细节的变化中。

1. 面料

正装西服的面料主要采用高纱支和精纺的全毛面料、全羊绒面料、羊绒、羊毛混纺或者毛涤混纺面料。面料的图案大多为素色提花或条纹，颜色以深色为主，深色面料上的条纹色彩往往采用当季的流行色，如图4-5所示。

2. 工艺

正装西服的工艺特别考究，会用到各种辅料，包括全毛衬、半毛衬、胸衬、垫肩、弹袖条、牵带等，再加上归拔工艺的使用，会使西服的胸部挺拔而富有弹性、领面平整、服帖，袖子与大身之间饱满，也能修饰男性体型上的一些缺陷，是男性着装效果最好的一种款式，如图4-6所示。正装西服的工艺特点还体现在内部工艺的设计上，大挂面、小挂面、拼接挂面、拱针、嵌条等工艺设计完美地呈现出"细节中见真彰的男性"。

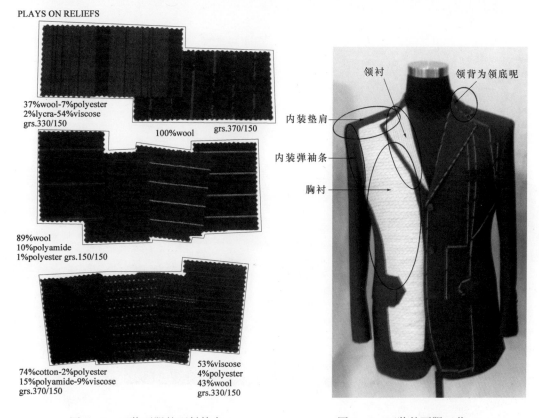

图4-5　正装西服的面料特点　　　　图4-6　正装的西服工艺

3. 细节

正装西服在外形细节上的设计变化主要体现在领型，如平驳领、戗驳领、青果领等。另外，细节的设计还体现在领止口的高低、领面的宽窄、串口的高低和倾斜度、西服的修身程度以及手巾袋、口袋、真假袖眼、双排扣、单排扣等设计上，如图4-7所示。

图 4-7 西服的细节设计

(二) 休闲西服

休闲西服只是将西服作为形式上的参考，在面料选择、工艺运用、廓型变化、细节设计上都有了大胆的创新和突破。

1. 面料

休闲西服的面料不再局限于粗纺羊毛面料和羊绒面料，越来越多地使用棉、麻、丝、混纺、化纤等多品种、多感官的面料，服装外观随意、休闲，如图 4-8、图 4-9 所示。

图 4-8 休闲西服的用料特点

图 4-9 休闲西服设计

2. 工艺

休闲西服的工艺设计比正装西服简便很多，除了毛料之外，其他的如棉、麻、丝等面料无需归拔，通过拼接、包边、拱针、缉明线等多样的工艺手段就能进行设计上的变化，如图 4-10、图 4-11 所示。

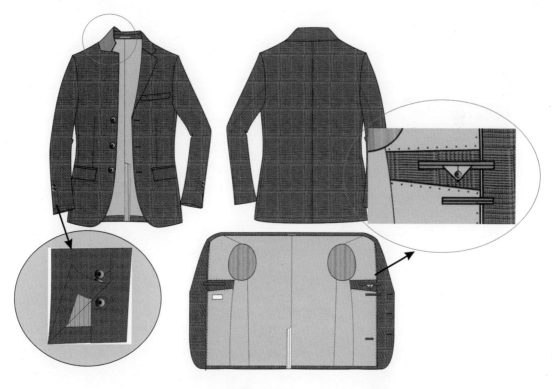

图 4-10 休闲西服细节设计 设计者：张剑峰

服装右侧为四合扣公扣，左侧为四合扣母扣

灰色双层牛皮做饰边外边缘为毛边

两粒暗四合扣

灰色织带

灰色纯棉面料

内钉四合扣

分割线处加入灰色牛皮嵌线

黑色撞钉

三粒四合扣

红色包边

暗门襟

商标

图 4-11 休闲西服口袋装饰设计 设计者：徐鼎鼎

3. 廓型

休闲西服的廓型相对于正装西服来说变化很多，比较丰富，如图 4-12 所示。

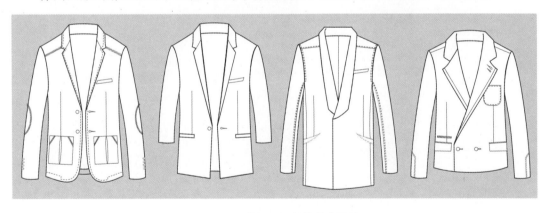

图 4-12 休闲西服的外轮廓设计

4. 细节

休闲西服外部造型的细节设计比正装丰富很多，主要体现在领部、肩部、腰部、口袋、门襟、袖口以及胸部等部位的设计上，具体包括止口、串口的高低，领面的宽窄，西服背部不开衩、单开衩和摆衩的设计，袖口处真眼与假眼的设计，纽扣的数量，腰部分割与否，缉线的粗细、色彩及工艺，里布的设计，不同面料的拼接以及针梭织拼接设计等，如图 4-13～图 4-17 所示。

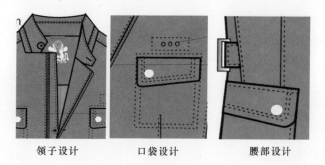

| 领子设计 | 口袋设计 | 腰部设计 |

图 4-13　休闲西服细节设计

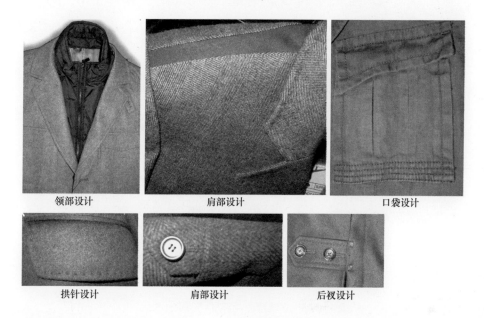

| 领部设计 | 肩部设计 | 口袋设计 |

| 拱针设计 | 肩部设计 | 后衩设计 |

图 4-14　休闲西服细节设计

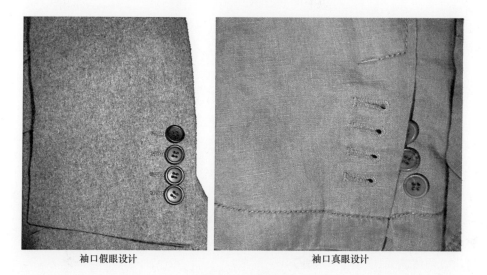

| 袖口假眼设计 | 袖口真眼设计 |

图 4-15　袖衩设计

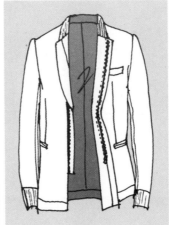

图 4-16 针、机织拼接的休闲西服细节设计

图 4-17 休闲西服领部的细节变化设计

三、西服的规格与造型设计

从身材角度出发，西服的规格主要是指身高和胸围的尺寸变化，国际上通用的 46、48、50、52、54 西服号型是以英寸为单位，如 46 号型是指放量后胸围为 46 英寸的男性。我国也有一些企业采用身高和胸围标注的号型，如 76/110A，是指上衣长为 76cm，胸围宽为 110cm，A 则代表标准体型。出现这类号型的企业，他们的西服号型就不止 4 种，多的能达到 30 余种，主要是为了提高西服量体裁衣的合体性，吸引更多的消费群体。

西服主要的部位尺寸设计有胸围、中腰、下摆、肩宽、止口高、袖长、后中长等，如图 4-18 所示。西服的部位尺寸设计跟年龄有关：年轻的男性身材好，喜欢衣身短、袖子长的款式，有时尚感；对于年纪偏大的男性来说，腹部微微隆起，喜欢传统的衣身略长、袖长合适的西服款式。

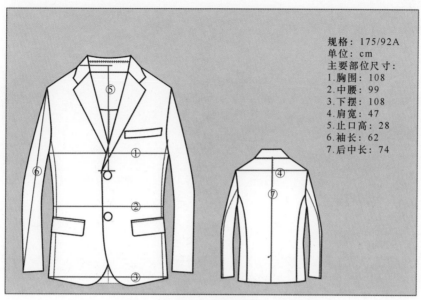

规格：175/92A
单位：cm
主要部位尺寸：
1.胸围：108
2.中腰：99
3.下摆：108
4.肩宽：47
5.止口高：28
6.袖长：62
7.后中长：74

图 4 - 18　西服主要的部位尺寸设计

第三节　衬衫设计

一、衬衫的基本样式

衬衫的基本样式采用过肩设计，后背有过肩，前开襟，一片袖，有领座，领背有插片，袖克夫与袖身之间有褶裥，增加了手臂的活动量，衣身较长，因为衬衫大多束在腰里面，如图 4 - 19 所示。

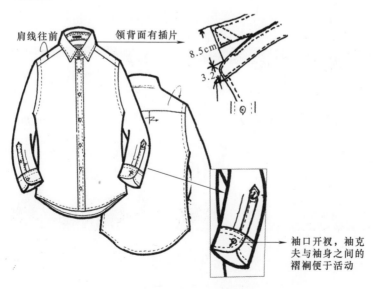

图 4 - 19　衬衫的基本样式图

二、衬衫的分类设计

现代男式衬衫按用途及款式的不同，可分为礼服衬衫、正装衬衫、休闲衬衫三类。

（一）礼服衬衫

传统的礼服衬衫是双翼领或立领，前胸采用 U 字型的裁剪或绣花设计，前襟有 6 粒纽扣，由珍珠或贵金属制成，袖克夫采用双层翻折结构等。随着礼服在服装中的淡化，礼服衬衫的应用越来越少，但很多设计细节可以应用到其他衬衫的设计之中。

1. 面料

礼服衬衫的面料以素色和隐条纹为主，如图 4 - 20 所示。

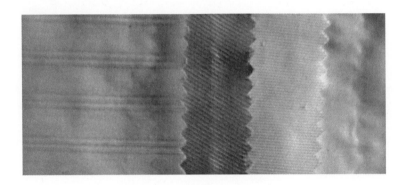

图 4 - 20　礼服衬衫的面料

2. 工艺

礼服衬衫的工艺主要体现在领子、领角定型、U 形裁剪和前胸绣花的工艺处理上。

3. 细节

礼服衬衫的细节设计主要体现在领部、胸部以及袖口上，如图 4 - 21～图 4 - 23 所示。

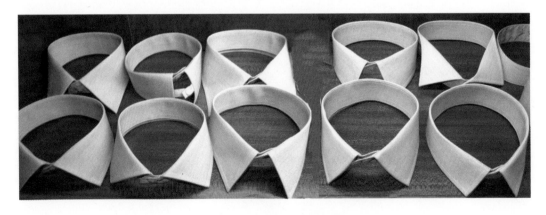

图 4 - 21　礼服衬衫的领型设计

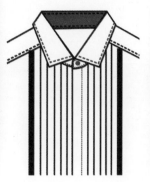

图4-22 礼服衬衫的袖口设计　　　　　图4-23 礼服衬衫的细节设计

（二）正装衬衫

正装衬衫既可以穿在西装内，也可以外穿，有时也可以作为礼服衬衫穿着。这种衬衫的造型、尺寸等可以与礼服衬衫相同，目前流行的正装衬衫较为合体，一般略微收腰，如图4-24所示。

图4-24 正装衬衫设计　周爱英摄

正装衬衫由于外形变化不大，其主要的设计点体现在面料选择、工艺运用和细节设计。

1. 面料

正装衬衫的面料大多采用高纱支的全棉衬衫面料，光泽好且细腻，但容易起皱，有时还会采用真丝、丝棉等高品质面料。为了便于洗涤和保养，可以采用棉涤混纺的PT面料，不易起皱，容易洗涤，或者经过定型的全棉面料，但不会对这种高纱支的面料进行定型处理。面料图案以素色、素色提花、细条纹、细格纹面料为主，为与深色西服相衬，衬衫面料的底色以浅、中明度的色彩为主，如图 4-25 所示。

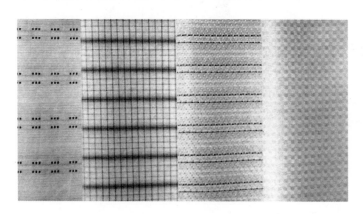

图 4-25　正装衬衫的面料选择

2. 工艺

正装衬衫的工艺运用主要体现在领部工艺的用衬和定型上。领的不同用衬处理会带来不同的效果，领衬在领面则外观硬挺，领衬在领背上，外观则显得自然。为了使领子服帖，有时还会在领背插上插片。

3. 细节

正装衬衫的细节设计体现在领部和门襟的设计上。和礼服衬衫的领部设计一样，正装衬衫的领部设计变化也比较多，有方领、尖角领、八字领以及立领等。另外，领衬的厚薄、领面的长宽、领座的高低、门襟的变化、袖克夫的宽窄、平门襟和明门襟的运用以及袖衩、下摆的处理都属于细节设计，如图 4-26 所示。

（三）休闲衬衫

休闲衬衫洒脱、舒适，在面料、工艺、细节上的变化更为丰富。休闲衬衫可分为长袖和短袖，造型以 H 型或者略收腰身为主，如图 4-27、图 4-28 所示。

1. 面料

由于衬衫是与身体直接接触，不管是从触觉角度还是从身体健康角度出发，都要求面料吸湿性好，柔软、滑爽，衣着舒适，不易起皱。休闲衬衫选用全棉、棉麻、全麻等天然纤维较多。为了增加效果，可以对有些面料进行水洗处理，来加强休闲或柔软的感觉，或者在面料里加点弹性纤维，如莱卡、氨纶，使面料有较好的弹性。有些抗皱性好的面料也很流行，如涤棉以及棉涤混纺的 PU、PV、CV、CP 等。价格不同，面料的纱支也会有所不同。面料图案主要采用直条、格子、素色提花、素色或者印花等，如图 4-29 所示。近几年，也开始流行格子面料和牛仔面料。

图 4-26　正装衬衫的细节设计

图 4-27　休闲衬衫设计

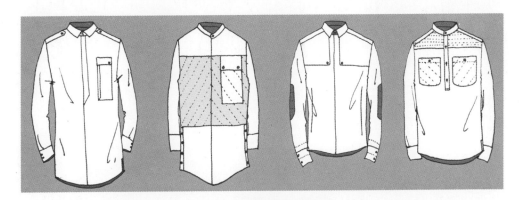

图 4-28　休闲衬衫设计

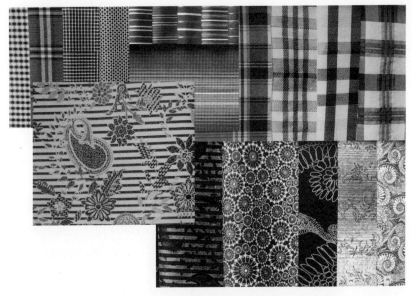

图 4-29　休闲衬衫面料设计

2. 工艺

休闲衬衫的工艺没有正装衬衫那么复杂，无需对领子定型，领衬以薄的黏合衬或者水洗衬为主。有些衬衫为了增加怀旧的效果，可以进行面料水洗或成衣后水洗的处理。但由于休闲衬衫在细节上变化较多，所以在细节工艺上比正装衬衫多了很多，给大批量生产增加了一些加工成本，如图4-30所示。

双层肩襻

套结

门襟用橡皮圈
与纽扣搭扣

嵌线不
加嵌条

配色线

图4-30 休闲衬衫的细节工艺 设计者：徐鼎鼎

3. 细节

休闲衬衫的外形变化不大，主要体现在面料花型、领型、袖克夫、肩部、胸部、门襟以及下摆的细节设计上。如立翻领、翻领的设计，同样是翻领，领面的大小是设计的重点，也是衬衫流行与否的关键部位。门襟的设计分为光边门襟、翻边门襟、暗门襟。下摆有圆摆、方摆或成克夫状。后背下部设计分为开衩或不开衩。缉明线有线的粗细、撞色线、配色线、仿手工线、花色工艺线之分。前胸袋可以是小贴袋，也可以是暗袋，或是有不同形状的袋盖或贴袋等。在前胸或袖子上也可以有绣花图案、文字、标志等变化。以上这些都属休闲衬衫的细节设计，如图4-31、图4-32所示。

三、衬衫的规格与造型设计

衬衫设计最需要了解的身材部位是身高和领围。比如说衬衫的号型是40，是指适合领围为40cm的男性，如图4-33所示。

一般情况下，男性穿着衬衫喜欢将衬衫下部束在裤腰里，为了避免弯腰后使束在裤腰里的衬衫跑出来，因而会将衣长设计得较长。袖子的长度设计到手的虎口位置，一旦手臂弯曲，袖口的部分仍然在手腕处。时尚衬衫可以设计得比较修身，衣长较短，袖长较长，衬衫可外穿；有个性的衬衫，衣长较长，袖长也较长，衣服修身。大多数情况下，休闲衬衫的造型设计都是视品牌风格而定。

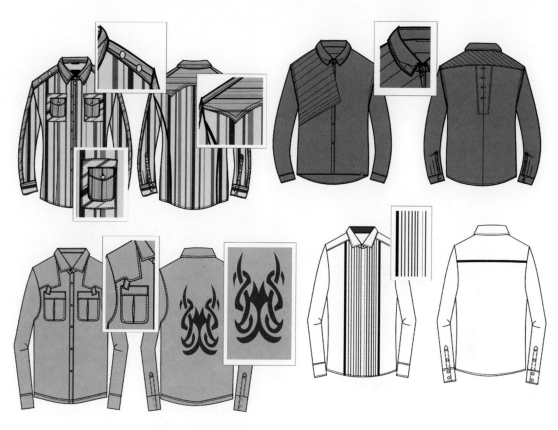

图 4 - 31　休闲衬衫的细节设计　设计者：傅莉娅

图 4 - 32　连帽休闲衬衫设计　设计者：徐鼎鼎

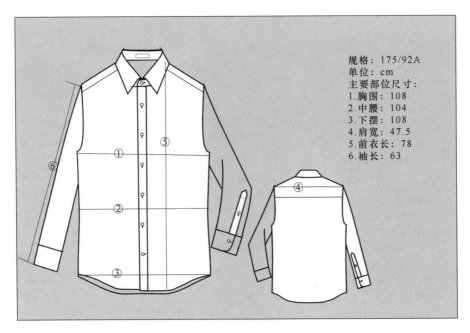

规格：175/92A
单位：cm
主要部位尺寸：
1.胸围：108
2.中腰：104
3.下摆：108
4.肩宽：47.5
5.前衣长：78
6.袖长：63

图4-33　衬衫规格与造型设计

第四节　夹克与外套设计

夹克是英文单词"Jacket"的音译，需要注意的是，国外"Jacket"是指外套，这与我国所指的夹克不太一样。

一、夹克的基本样式

夹克最早的款式主要是箱式的短款外套，袖口和下摆处都装有克夫，衣身较为肥大，如图4-34所示。

二、夹克与外套的设计特点

(一) 夹克设计

夹克以雄健帅气、简洁短巧的外形特点博得了男性的喜爱，最大的优点在于随意性和舒适性，对人体尺寸的测量要求不像西服那样苛刻。

1. 面料

随着男性服装的时装化以及夹克服装被男性在越来越多的场合穿着，夹克服装设计也出现了多种

图4-34　夹克的基本样式

变化。商务休闲类的夹克会给人简洁、精练的感觉，运动类的夹克给人柔软、率真、雄健的感觉，休闲类的夹克则更是多样化、个性化。这一分类主要与面料的选择有很大的关系，如图 4-35 所示。

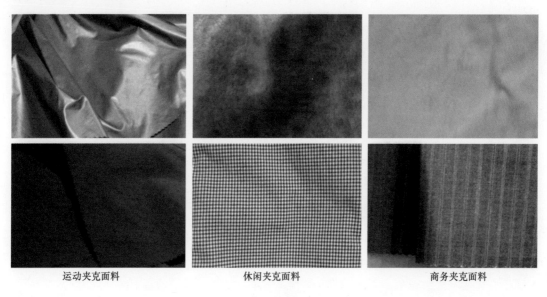

| 运动夹克面料 | 休闲夹克面料 | 商务夹克面料 |

图 4-35 夹克面料特点

2. 廓型

夹克在外形上的设计主要是 H 型、T 型两种，这两种外形在男装不同的风格设计中都可以采用，如图 4-36 所示。夹克设计的关键是对外形的把握和对内在结构的设计，比如同是 H 型的外形设计，由于服装的放松量不同，服装的视觉感则完全不同，较为合体的 H 型夹克显得修长、利索，而肥大的 H 型夹克则显得随意、洒脱。同一种外形的内部结构线或者装饰线不同，也会产生不同的设计风格，如图 4-37 所示。

图 4-36 夹克廓型设计

图 4 - 37　夹克内部结构线和装饰线的设计

3. 细节

夹克的细节设计主要体现在领子、口袋、胸部等部位，如图 4 - 38、图 4 - 39 所示。一般而言，结构线、装饰线体现得越明显，风格越个性化，服装越休闲。当然服装面料的选择也是体现风格的关键所在。

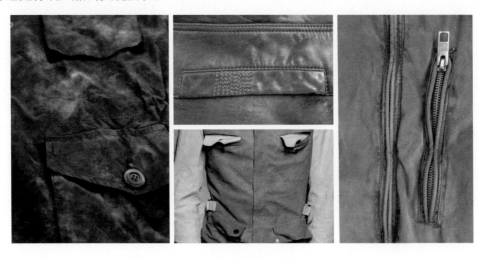

图 4 - 38　夹克细节设计 1

（二）外套设计

外套所包含的服装很多，上面提到过的西服、夹克、衬衫，甚至背心、毛衣都可以作为男士的外套穿着，在这里，外套主要是指风衣、长外套、短外套、棉袄、羽绒服等。这几种款式在外形设计上有相似之处，差别主要在于不同工艺的运用以及不同的填充物，例

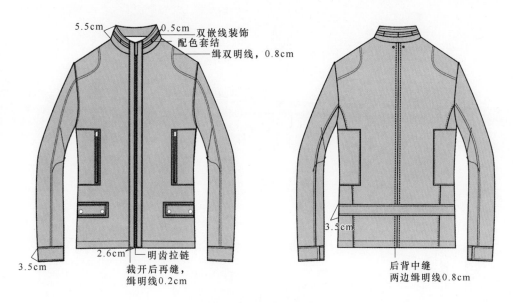

图 4-39 夹克细节设计 2

如棉袄的填充物是丝棉、羽绒服的填充物是鸭绒和鹅绒，不同的填充物其工艺特点也不同，如羽绒服必须在填充物外加一层专用面料，防止里面的羽绒钻出来。

1. 廓型

男士的外套廓型大多采用 H 型或 T 型，与前面提到过的服装一样，服装的内在结构线、装饰线以及面料、色彩的选择是设计的关键，如图 4-40、图 4-41 所示。

图 4-40 外套廓型设计

2. 面料

外套的种类繁多，可使用的面料也非常多。棉、麻、灯芯绒、涤纶、锦棉、锦涤、粗花呢、羊绒、针织等面料，都可以用于外套制作。根据外套的款式和功能不同，面料的选择也有所不同，比如风衣一般采用防静电的面料，羽绒服一般采用密度高的面料。

图4-41　外套款式设计

3. 细节

外套的设计点主要体现在肩部、胸部、腰部以及背部。由于男性的外套大多是以单色、素色为主的设计，为了满足不同男性的个性需要，男性外套设计中的内里工艺和细节设计成为外套设计不可忽视的部分。如花色、亮色、与大身成对比色的里布，亮色、暖色布在深色里布中的镶嵌、滚边设计，衬里部分口袋的多种装饰手法等，这些都属于男性外套的细节设计，如图4-42、图4-43所示。

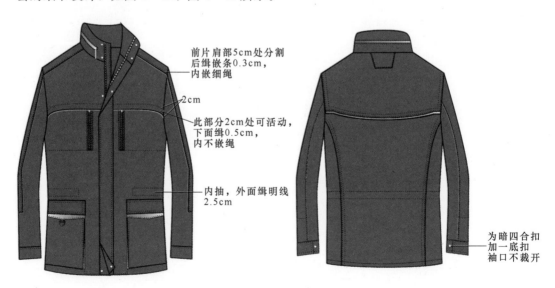

前片肩部5cm处分割
后缉嵌条0.3cm，
内嵌细绳

2cm

此部分2cm处可活动，
下面缉0.5cm，
内不嵌绳

内抽，外面缉明线
2.5cm

为暗四合扣
加一底扣
袖口不裁开

图4-42　外套细节设计

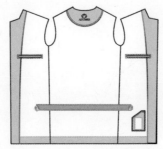

图 4 - 43　外套内里细节设计

接下来，以羽绒服为例介绍外套的设计特点。

羽绒服为了不使里面充垫的羽毛混结成块，不同的绗缝设计成为羽绒服设计的一大特点。羽绒服的面料都是柔软性较好、密度高的织物，以突出羽绒服轻便、舒适的特征。在细节设计上，为了不让里面的羽毛钻出来，尽量减少针缝的设计，因此，羽绒服的设计大多以拉链为主。羽绒服是冬季户外活动的服装，也作为滑雪运动的专用服装，且保暖性好。在色彩上除了冬季惯用的深色系之外，白色、亮色以及鲜艳色的点缀也使羽绒服多了运动的特点。这几年羽绒服流行突出整体的膨胀感，肥肥大大，款式可爱。

三、夹克与外套的规格和造型设计

夹克与外套的造型设计主要与外观的造型有关，由于夹克服装要求舒适性，因此比西服的胸围放量要大些，以 175 型号的服装为例，胸围在 120cm 左右，腰部的设计与款式的造型有关。

男性夹克与外套主要的尺寸与胸围、肩宽、腰围、下摆以及袖长有关，如图 4 - 44、图 4 - 45 所示。

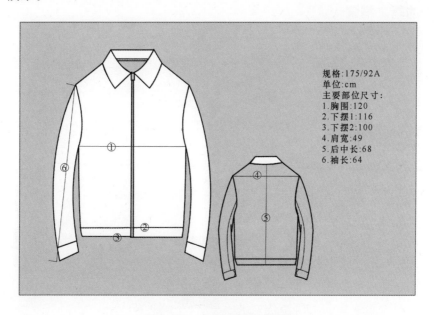

图 4 - 44　夹克造型尺寸设计

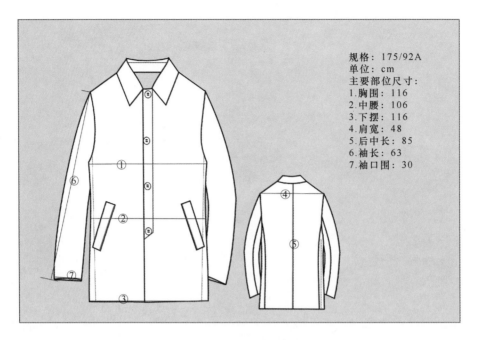

规格：175/92A
单位：cm
主要部位尺寸：
1.胸围：116
2.中腰：106
3.下摆：116
4.肩宽：48
5.后中长：85
6.袖长：63
7.袖口围：30

图 4-45　外套造型尺寸设计

第五节　裤子设计

裤子是男装中的一个大类，也是男子下装的固定形式。

一、裤子的基本样式

裤子的基本样式是两条裤腿，一个开口的前门襟，再加一个腰，如图 4-46 所示。

二、裤子的分类设计

裤子的种类繁多，根据外轮廓的特点可分为萝卜裤、直筒裤和喇叭裤等。萝卜裤上裆长，臀部宽松，脚口较窄。直筒裤从腰围形成直线形，给人以健壮、挺拔、刚强而不失时尚之感，是目前男性裤装中运用最多的一种外轮廓造型。喇叭裤是臀部较紧、脚口呈喇叭形的设计，给人时尚、飘逸的美感，在年

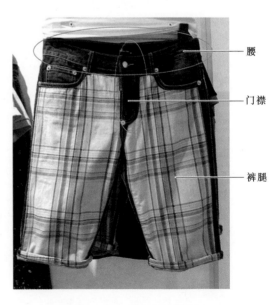

腰

门襟

裤腿

图 4-46　裤子的基本样式

轻时尚而富有个性的牛仔裤设计中运用较多。裤子的外轮廓造型会随着时尚流行的变化而变化，带有明显的时代色彩和感情色彩。如近几年在男裤设计中流行细腿的直筒裤和铅笔裤。

从裤装的风格来划分，有西裤、休闲裤、牛仔裤、运动裤等。

（一）西裤

1. 面料

西裤的面料主要采用全毛、毛涤、全涤等悬垂性较好、挺括的面料，和正装西服的面料一样。

2. 工艺

西裤工艺要求板型美观，做工精致。主要有腰里、里襟、裤里等工艺运用，脚绸的工艺设计可以加强裤子的悬垂性，如图4-47所示。

3. 廓型与细节

西裤的廓型根据品牌设计的风格而定，比如有的品牌的西裤廓型是小的直筒裤，臀部饱满，腿形细长。常规的西裤裤腿比较肥大，如图4-48、图4-49所示。

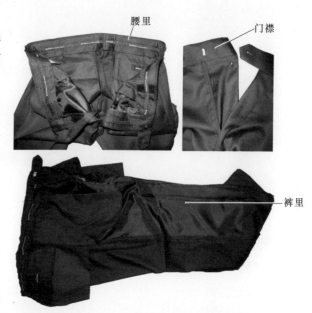

图4-47　西裤工艺

图4-48　正装西裤

图4-49　正装西裤款式图

西裤的细节设计主要在腰部以及脚口部分，包括低腰和中腰的设计、大门襟和小门襟的设计等。

（二）休闲裤

休闲裤根据裤子的长短可以分为长裤、九分裤、七分裤、短裤等，如图 4 - 50 所示。

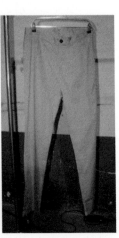

图 4 - 50　休闲裤的不同裤型

1. 面料

休闲裤的面料主要采用 100％全棉机织面料，由于面料的织法不同，会形成不同的外观特征。近几年流行一种天丝棉的面料，比全棉面料更加柔软、滑爽，是春夏季消费者比较喜欢的面料。当然，随着正装化趋势的再次流行，全毛、毛涤混纺、涤纶等面料也在休闲裤中流行起来。另外，运动风格的流行，使得运动元素在休闲裤设计中也被运用，比如针织棉在休闲裤的设计中也被使用得越来越多。根据不同的设计风格，也会选择不同图案的面料进行裤装设计，比如沙滩裤会选用花色面料来制作，体现一种休闲、轻松、拥抱大自然的感觉。

2. 工艺

休闲裤的工艺设计不如西裤复杂，主要体现在板型设计、多口袋以及细节设计的工艺处理上。

3. 廓型与细节

休闲裤的廓型与裤长、臀围和横裆有关。以腰部的高低来分，有高腰裤、中腰裤以及低腰裤。不同年龄男性对腰头的要求不同，大多数男性比较喜欢低腰裤，这是根据男性穿着裤子的习惯得知——男性腰头会束在高过胯部上面一点的位置，也是低腰的部分。根据裤子横裆的宽窄来划分，裤子可以分为铅笔裤、直筒裤、喇叭裤、萝卜裤等，如图 4 - 51 所示。

休闲裤的细节设计非常丰富，包括多口袋、抽绳、拉链、松筋、腰部、装饰等细部设计，如图 4 - 52、图 4 - 53 所示。

图 4-51 休闲裤设计 设计者：谢梦娜

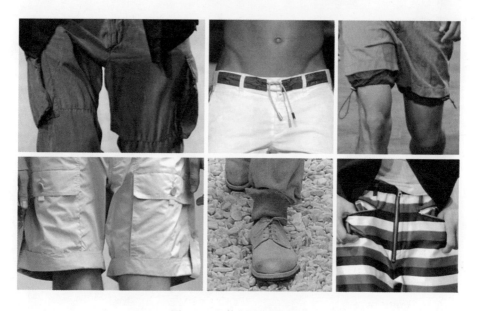

图 4-52 休闲裤细节设计

（三）牛仔裤

牛仔裤是 19 世纪的美国人为应付繁重的日常劳作而设计出的一种工作服。一开始，牛仔裤作为劳动人民的象征，难登大雅之堂。如今，牛仔裤跻身服装界，并迎合流行，不断地变换新款式，风靡全球。

1. 面料

牛仔裤大多用 100％的棉纤维面料制成，有些也会加入 2％～5％的氨纶纤维，以增加牛仔面料的弹性。

由于面料加工工艺不同，会形成不同的外观特征。目前世界上有多种牛仔面料，如图 4-54 所示，用得较多的是环锭纱牛仔布、经纬向竹节牛仔布、超靛蓝牛仔布等。众

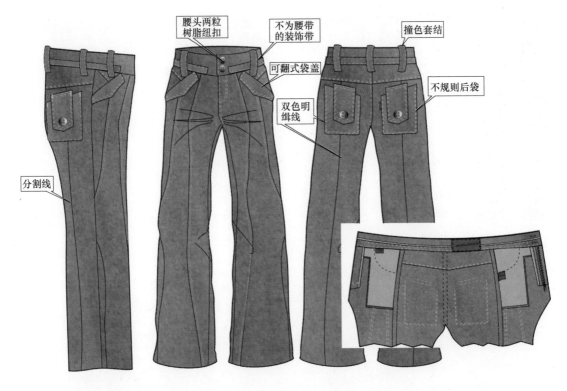

图 4-53　休闲裤细节设计　设计者：俞洁

所周知，大多数牛仔裤的制作都会经过磨洗，通过磨洗之后，面料的外观会发生变化，形成不同的外观设计效果。如环锭纱牛仔布经过磨洗加工之后，表面会呈现出朦胧的竹节状风格，符合当今服装个性化的流行趋势。

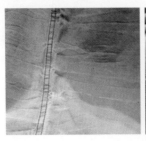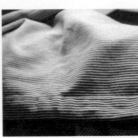

图 4-54　不同的牛仔面料

2. 工艺

牛仔裤的加工工艺分为两种。一种是制作加工工艺的特殊性，在侧缝或者口袋的制作上会增加套结和撞钉工艺，这是由于过去的牛仔裤用厚实的帆布制作，着装者劳动强度大，因而需要套结和撞钉加以巩固，现在这种工艺以装饰工艺的用途被保留下来。另外，牛仔裤在制作成成衣后需要再进行磨洗等工艺，在磨洗中会磨损，套结和撞钉也会起到牢固的作用。第二种加工工艺是制作成成衣后的后整理水洗工艺。包括猫须、拉破、磨白、酵素、石磨、喷沙、硅油、漂色、套色、雪花洗、压皱以及涂层等，近年来较为流行的是雪花洗，如图 4-55 所示。

石洗 水洗、酸洗 靛蓝洗

漂白、靛蓝洗 漂白 颜料喷涂 喷沙效果

吊染 涮色 漂白喷沙灰色洗 硫黄洗

图4-55 牛仔裤工艺设计

3. 廓型与细节

牛仔裤的廓型设计与流行趋势保持一致，体现时代感。近几年流行的是瘦腿直筒裤、直筒裤、九分裤、五分裤等，如图 4-56 所示。

图 4-56　牛仔裤廓型

牛仔裤的细节设计通过分割、拼接，结合拉破、缝合、雪花洗等后整理加工工艺来完成，如图 4-57 所示。牛仔裤的细节设计也可以通过裤里、袋布的设计来体现个性化，如图 4-58 所示。

图 4-57　牛仔裤细节设计

牛仔裤在今后的流行中，可能会出现清新的复古风、夺目色彩的波普风格以及用高闪光金箔印花呈现破损拼贴的外观等趋势，如图 4-59 所示。

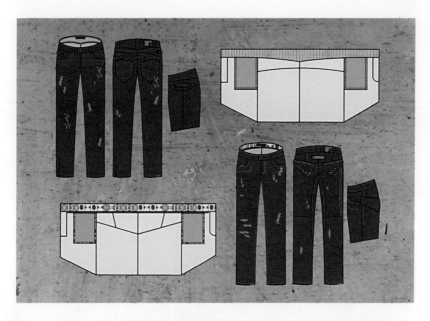

图4-58 牛仔裤细节设计 设计者：程卓之

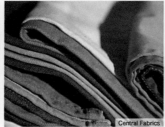

图4-59 牛仔裤流行趋势

（四）运动裤

随着人们生活水平的提高，全民健身运动的开展，运动成为人们生活的一部分，穿着运动装逐渐成为时尚生活的一种表达方式。街头篮球、滑板、街舞和极限自行车等新兴运动开始流行，这些街头时尚元素同样对运动裤的设计产生影响。

1. 面料

运动裤的面料要与运动的性能结合起来考虑，随着科技的发展，面料向轻便、多样化发展，如针织棉、网眼面料以及吸汗、吸湿、轻便易干的面料等，如图4-60所示。

2. 工艺

运动裤的工艺相对比较简单，主要包括使用橡皮筋、嵌条、抽带等工艺。

3. 廓型与细节

运动裤有长裤、七分裤和短裤之分，根据运动的特点，大多数比较宽松，有些较为紧身，如图4-61所示。

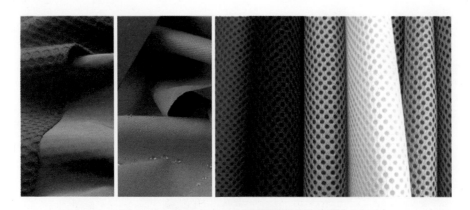

图 4 - 60　运动面料

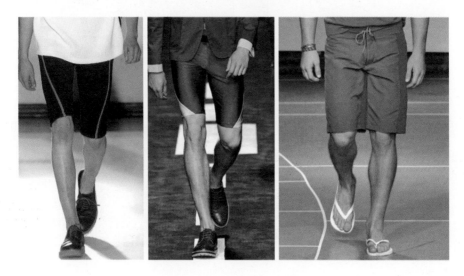

图 4 - 61　专业的运动裤

　　运动裤的细节设计主要体现在拉链的装饰上，如户外的运动裤会在裤腿中间装拉链，变成可拆卸的七分裤或者短裤。脚口用调节扣的设计，可以使运动裤调节到合适的状态。多口袋的设计，可以加强裤装的功能性。另外，还有嵌条、反光标志等装饰性设计。

　　总而言之，运动裤的设计点主要体现在面料的采用以及细节的设计，比如同样是直筒裤，由于脚口的大小和面料不同，会给人完全不一样的感觉。色彩有偏浅的趋势，主要是因为下装色彩明度高，会给人轻松的自由感，符合现在流行的趋势。另外，商标、纽扣、腰衬等一些辅料的设计以及口袋等装饰结构的设计也会增加运动裤的个性美，如图 4 - 62所示。

三、裤子的规格与造型设计

　　设计裤子的规格主要需要了解腰围、臀围以及裤长。裤号型通过腰围和裤长体现，如82×112，82 指腰围，112 指裤长，如图 4 - 63 所示。

图 4 - 62　专业的运动裤

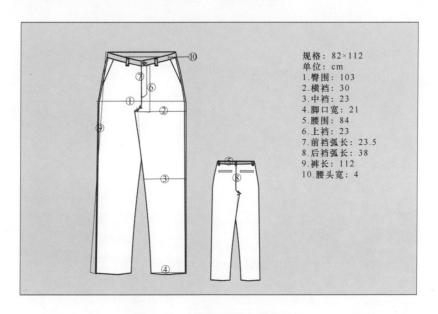

规格：82×112
单位：cm
1.臀围：103
2.横裆：30
3.中裆：23
4.脚口宽：21
5.腰围：84
6.上裆：23
7.前裆弧长：23.5
8.后裆弧长：38
9.裤长：112
10.腰头宽：4

图 4 - 63　裤子的规格与造型设计

横裆是裤子设计中比较关键的部位，横裆的宽窄以及脚口的尺寸直接影响裤子的造型设计。比如横裆和中裆都紧身，脚口宽大就成喇叭裤；而横裆和中裆都紧身，脚口较窄就成了铅笔裤；横裆宽松、脚口较窄就成了萝卜裤。

上裆的长短是影响腰部和臀部造型的主要因素，如上裆短则是低腰裤，上裆长则是中腰或高腰裤，上裆超长则是这几年流行的哈伦裤。

前裆弧线和后裆弧线的尺寸是影响裤子的外形美观以及穿着舒适性的重要因素。一般情况下，如果前裆弧线和后裆弧线相差较大，则适合体型标准和瘦小的人穿着，着裤后臀部饱满，前腰线往下，后线提起，与男性标准人体效果差不多；如果前裆弧线和后裆弧线相差不大，则适合中规中矩的男性以及肚子较大的男性穿着，腰头束得较高，从侧面看，前后差不多。

第六节 毛衫设计

穿着毛衫会感觉柔和、休闲，因此毛衫越来越受到男性的喜爱。

一、毛衫的基本样式

毛衫的基本样式是先织成衣片，然后通过套口联结，联结处会出现收口，产生美感，如图4-64所示。

二、毛衫的设计过程

毛衫的设计是从一根纱线开始，如图4-65所示。首先选定纱线的种类，包括棉、麻、毛、丝、羊绒以及各类混纺纱，然后染色，确定是素色纱还是混色纱，如图4-66所示，再织成坯布或者坯片。经打样确定布面的设计效果后，通过计算确认进行成衣设计。

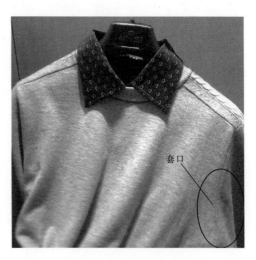

图4-64 毛衫的基本样式

图4-67所示为毛衫坯样，图4-68所示为由纱线到坯样再到成衣的设计过程。

图4-65 各种纱线

双色纱提花 混色纱

单色纱 马海毛混色纱

图4-66 纱线染色设计

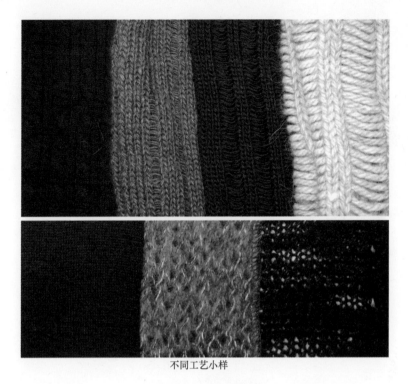

不同工艺小样

图4-67　毛衫坯样

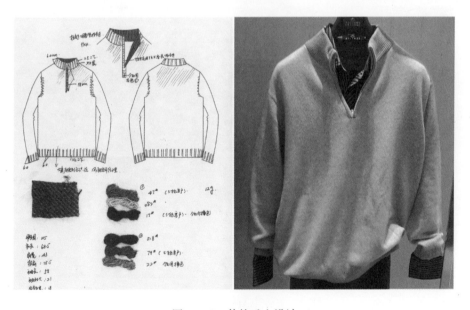

图4-68　传统毛衣设计

三、毛衫的工艺设计

　　毛衫有三种工艺设计：一种为横机设计，将每个衣片织好，再通过套口工艺联结；一种是圆机设计，先织好坯布，再如机织一样的进行裁剪、缝制；还有一种则是圆机、横机、机织综合的工艺设计。

　　针法对于毛衫设计来说非常重要。是粗针还是细针、是电脑织花还是手工横机织法，直接影响毛衫的设计外观和成本。图4-69所示的是细针和粗针针法的比较，图4-70所示的是电脑花型的设计，用电脑设计的毛衫花型，制作成本相对较高。

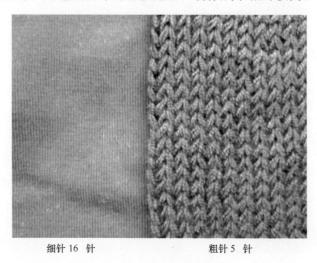

细针 16 针　　　　　　　　　　粗针 5 针

图4-69　毛衫针法效果

图4-70　电脑设计的花形效果

　　不同的组织结构会形成不同的设计感觉，一般针数越多，毛衫的密度越高，服装就越显得正规，夏天的毛衫一般以16针的居多；反之，针数越少，服装就越显粗犷。目前流行的毛衫，由于拉毛、喷色、粗针、印花、拉破、钉珠等工艺外观效果强烈，受到很多年轻人的喜爱，如图4-71、图4-72所示。图4-73所示的是不同毛衫款式的工艺设计。

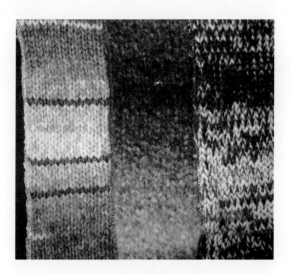

图 4-71 毛衫的渐变、喷色工艺

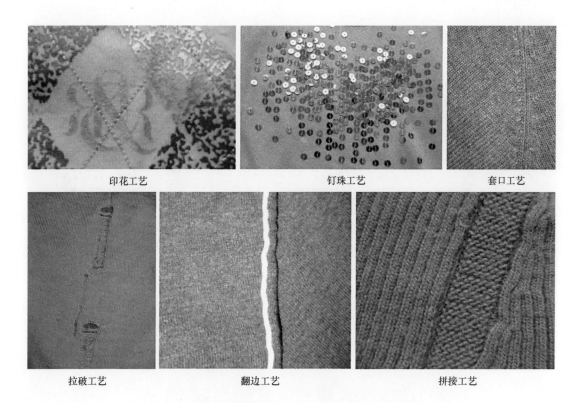

印花工艺 　　　　　　　　　钉珠工艺 　　　　　　　　　套口工艺

拉破工艺 　　　　　　　　　翻边工艺 　　　　　　　　　拼接工艺

图 4-72 毛衫的印花、钉珠、拼接、拉破等工艺

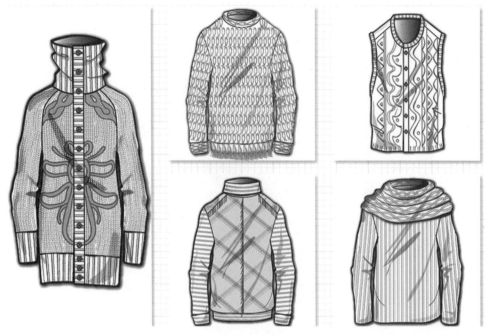

图 4 - 73　不同毛衫款式的工艺设计

四、廓型与细节设计

毛衫设计中外形的变化不是很大，主要体现在领子、下摆以及针法的设计变化。领子有圆领、高领、半高领、半翻领、V领、翻领等变化。下摆有收口和不收口之分，如图4-74所

图 4 - 74　毛衫廓型设计 1

示。袖子有长袖、短袖和无袖之分，如图4-75所示。毛衫的细节设计，可以通过不同的
针法、花型和工艺来实现，如图4-76、图4-77所示。

图4-75　毛衫廓型设计2

图4-76　毛衫的细节设计1

图4-77　毛衫的细节设计2

第七节 T恤设计

T恤是运动装家族的基本成员，它既可以是网球、足球、高尔夫等标准运动装，也可以是时装。最初的T恤是为第一次世界大战的士兵所设计的内衣，因其简单的T字形外轮廓而得名，在第二次世界大战时则成为很常见的工作服，现在是人们必不可少的一种休闲服装。

一、T恤的基本样式

T恤的款式最为简单，宽松的衣身，加两个袖子，因形如字母"T"而得名。T恤有长袖、短袖、无袖以及圆领、V字领、翻领、立领、连帽等设计，如图4-78所示。

图4-78 T恤的领子设计

二、T恤的设计过程

　　T恤和毛衫的设计有相似之处，都是先确定纱线，再进行染色、织布（或者织布之后再染色）。织布也是一种设计过程，有网眼、平针、斜纹、提花等变化，这些在设计的时候都会有所考虑。但是T恤布相对简单，是以圆机织法织成布样，呈圆筒状和直筒状，然后根据布样再进行成衣设计。制作成衣的步骤与机织布相似，裁剪成布片再进行制作，只是制作T恤有三针五线的专用设备，缝制与锁边一起完成。

三、T恤的面料设计

　　T恤在时装品牌中随处可见，如商务类、休闲类、运动类的品牌都有T恤设计。商务类的T恤面料塑形性较好，看上去挺括、有型，以高纱支或丝光棉的面料为主，如图4-79所示；休闲类的T恤面料以全棉为主，但面料的纱支较低，主要是成衣图案设计，如图4-80所示；运动类的T恤面料以棉为主，或者轻便的高科技面料也使用得比较多。

图4-79　商务T恤

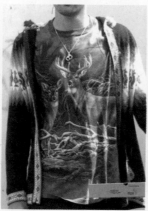

图4-80　休闲T恤

四、廓型与设计特点

T恤的廓型变化不是很大，大多呈"T"型。这几年受街头时尚的影响，流行的男性T恤非常宽松。另外，受中性化设计的影响，男性T恤的轮廓设计合体，略收腰，如图4-81所示。

图4-81　T恤廓型设计

T恤的设计特点根据品牌风格而定：有以分割、装饰设计为主的T恤设计，如图4-82所示；有以面料及面料印染为主的T恤设计，如图4-83所示；有以钉珠为主的设计，如图4-84所示；也有以波普、欧普艺术风格为图案的T恤设计，如图4-85所示。

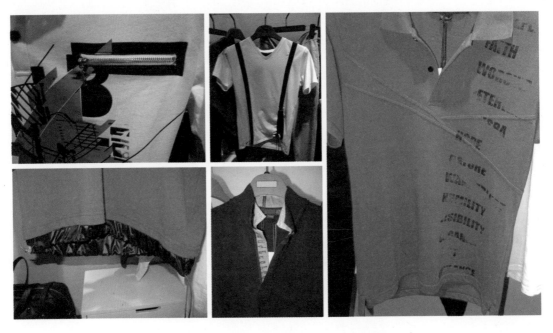

图4-82　以分割、装饰设计为主的T恤设计

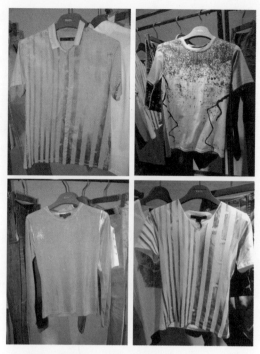

图4-83　以面料及面料印染为主的时尚 T 恤设计

图4-84　以钉珠为主的时尚 T 恤设计

图4-85　波普风格的图案运用

　　需要注意的是，在 T 恤的设计过程中，不能单纯考虑装饰性的设计而忽视了着装后的舒适性。图 4-86 所示的是一款 T 恤设计，外观的绣花设计增添了服装的美感和立体感。但是由于绣花是用金丝线绣成，里面的线头与皮肤摩擦产生了粗糙的触感，最后消费者因为着装后的不舒适而放弃了购买。

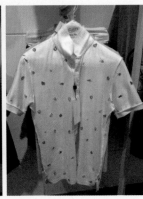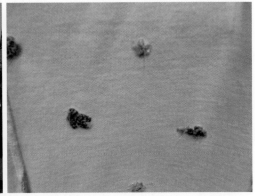

图 4-86　着装不舒适的 T 恤图案工艺

思考题

　　1. 男上装造型设计的主要部位有哪些？

　　2. 男裤造型设计的主要部位有哪些？

课后作业

　　男装单品设计。西服、衬衫、裤子、毛衫（或 T 恤）各 10 款；或者夹克、外套、裤子、T 恤（或毛衫）各 10 款。

品牌化男装产品设计

课题名称： 品牌化男装产品设计

课程内容： 情报收集、产品企划、产品设计、订货会、产品
管理

课题时间： 12 课时

训练目的： 让学生了解品牌化男装产品设计的流程、工作方法
和产品设计、企划、管理等内容。

教学方式： 多媒体授课，通过大量案例和图片进行教学，激发
学生学习的积极性。

教学要求： 1. 让学生了解情报收集的内容和方法。

2. 让学生了解产品企划在产品设计过程中所占据的
重要地位，掌握产品企划、主题设计的方法。

3. 让学生了解产品设计中波段设计、系列设计、分
类设计的方法，以及产品设计中样衣的制作、采
购和评议。

4. 让学生了解订货会的形式和作用。

5. 让学生了解产品管理的内容和组成。

课前准备： 准备品牌化男装产品开发的案例手册或男装设计项
目文本。

第五章　品牌化男装产品设计

　　品牌化（Branding）是赋予产品和服务的一种品牌所具有的能力，是企业给自己的产品定义的商业名称，通常由文字、标记、符号、图案和颜色等要素或这些要素的组合构成，用作一个企业或企业集团的标志，以便同竞争者的产品相区别。品牌化的根本是创造差别使品牌产品与众不同，有助于扩大产品组合，进而树立企业形象。

　　品牌化男装产品设计由情报收集、产品企划、产品设计、订货会、产品管理五个方面组成，通过流程设计达到产品风格的统一，再通过店铺形象和终端卖场陈列手段的统一设计来传播品牌形象和品牌文化。

第一节　情报收集

　　不管是品牌化产品设计还是单品设计，情报收集对产品总体方向的把握十分关键，是一项非常有必要的工作，对下一步即将进行的产品开发定位、设计创新、价格定位、营销方式确定等一系列的工作起到指导作用。

一、市场调研

　　在每季开发新产品之前，产品设计师需要进行市场调研，分析数据，或采购一些样款。

（一）现有市场调研

　　首先要调研商圈环境，包括周边商圈的特点、进入商圈人群的消费层次、商场的类型、市场销售方式等，从中分析出商圈环境的特点，了解消费群体的消费个性和对设计的期望，作为产品开发的参考。

　　其次是产品调研。调研当前哪些产品受到消费者的追捧，成为畅销产品，哪些产品成为滞销产品，并了解产生畅销和滞销的原因。另外，产品是否有特色也在调研范围内，如面料特色、款式特色、色彩特色等。在调研中会发现不同的消费群体对于时尚的理解也不一样，并非畅销的产品越时尚越好卖，而是要根据消费者的消费特点、消费水平、时尚程度不同有所区别。

　　调研可以采用问卷调研、市场直观调研或访问式的市场调研等。采用问卷进行市场调研时，问题要设置得正确合理，一般不宜超过 12 个，否则被调研者会产生厌烦的心理，令调研效果适得其反。

(二) 对目标客户消费群调研

品牌不是自己做出来的，必须得到消费者的认可，在以消费者为核心的年代，要生产消费者需要的产品，围绕消费者进行生产、服务。因此，对目标消费群体的调研就显得非常重要。在品牌还没有足够魅力或者品牌刚刚起步时，需要通过寻找合适的目标消费群体，给品牌及产品定位。对于已经确定目标消费群体的品牌，则需要维护好品牌在目标客户群中的形象，及时了解市场的意见反馈和相关品牌的调研，以便跟上目标消费者的消费需求开发产品，提高竞争力。

因此，要对消费群体的年龄特点（服装设计中所指的年龄特点都是指心理年龄）、职业特点、时尚倾向、美学素养、身材特点、消费层次、购买特点等进行调研。

(三) 对引领性品牌调研

引领性品牌是指国际奢侈品牌以及个性、原创性都非常强的设计师品牌。这些品牌每年都会有几次原创性强的发布会，发布会中的色彩、面料、设计廓型和细节会成为下一季产品的流行元素。

(四) 对竞争品牌调研

有道是"知己知彼，百战百胜"。对竞争品牌的调研就是了解相关竞争品牌的设计特色、价格、面料品质、服装结构、设计细节、产地、货品的上货时间等，然后在自己的品牌中注入与众不同的新鲜元素。

(五) 对面辅料市场调研

男装的设计款式变化不大，要满足消费者"喜新厌旧"的心态，很大程度上取决于色质相得益彰的面辅料变化。获得服装面辅料的渠道很多，主要的渠道有三种：一种是与面料供应商合作，共同开发下一季产品的面辅料，这些面辅料的版权只属于服装公司，在市场中找不到，这种方法被奢侈品牌和高端品牌采用；第二种是由面辅料供应商提供最新开发的面料新花样，设计师可以从中选择适合品牌的面辅料，或者在此基础上修改，面辅料供应商会在下一季服装开发前提供这些面辅料新花样，它们设计较新，大多在市场上找不到；第三种则是设计师直接到面辅料市场去寻找，在市场上找到的面辅料比较大众化。

二、信息收集

(一) 社会信息

服装是一个国家、一个民族在一定社会时期政治、经济、文化、艺术、宗教等社会思潮和文化进步的反映。如现代人追求自然、向往和平、以人为本的生活意识就要求在服装中体现人性化的特点。因此对社会中关于建筑、家具、戏曲、艺术等文化艺术形态和社会动态方面的信息要进行必要的收集。

社会经济水平直接影响消费者的消费能力，在进行信息收集时，有必要对各个地方的经济水平进行调研。

（二）时尚信息

服装是时尚的产业，作为时尚产业的男装设计师要及时跟踪时尚信息。这些时尚信息可以通过国内外媒体对纱线、纺织、服装等最新动态的报道得知，也可以通过一些纺织服装类展览获得信息，如意大利每年6月份的"PT男装展"、中国北京一年两次的"服装博览会"和"服装设计周"以及其他的一些面辅料展览。另外，时尚流行杂志、新闻媒体的相关报道等也是获得信息的渠道。

这些时尚信息就是所谓的流行资讯，是影响创意产业发展的关键要素。比如色彩、面料、纱线、廓型和图案等流行咨询，会影响下一季产品开发的服装样式。信息收集得越详细、越丰富，对设计的帮助就越大。

三、数据分析

在品牌运作中，大多品牌都有电子商务销售数据系统，能及时地将产品的销售情况进行反应。产品设计师通过直观的市场调研，会对上一季品牌产品中的畅销款、滞销款的情况有所了解，并掌握购买这些款式的消费者的基本情况，产品设计师应结合市场调研所掌握到的情况对销售数据进行分析。

从销售数据中可以看出，品牌中销售得好的款式往往是与其他品牌差距较大、又有设计点又有卖点的款式。

四、采购样款

很多品牌在产品开发之前会一边进行市场调研，一边采购样款，这些样款大多到欧洲、亚洲等地采购。为节省样款的成本，购买的样款风格尽量统一。有效的款式可以在下一季产品开发中被运用到，如新颖的面料、色彩或者有特色的款式和设计细节。

第二节　产品企划

在服装产品开发过程中，企划方案非常重要，它的正确与否对每个季节销售额的影响远远大于设计本身。因此，设计总监（小企业就是设计师）要根据所收集来的信息进行分析，然后结合品牌特点做一份图文并茂的企划方案。一般情况下，企划方案中要包括下一季推出的设计主题、设计系列、服装外形特征、面辅料的选择和定制、色彩和图案的倾向、服装种类比例、大概价格定位、开发数量（在设计师实际操作中，开发数量要比这个数量多出 2～3 倍，以备淘汰）等，设计师通过企划方案向主管领导和销售主管进行展示和说明，共同研讨、协商和审定下一季产品的开发。这项工作至少要在下一季产品投放的 8 个月前确定。

一、时间规划

服装产品是一个时效性很强的产品，需要制订一个详细的时间规划，保证产品上架的时间，见表 5-1。

表 5-1 某公司 2007 年秋季产品开发时间规划表

时间	内容	参加部门	备注
9 月 20～10 月 10 日	市场调研、信息收集等	设计部门	要与销售部门、企划部门进行沟通
10 月 11 日～10 月 20 日	制订秋冬设计企划方案	设计部	
10 月 21 日	秋冬设计企划方案品议	设计部、企划部、运营部、营销部、陈列部	设计部门要参考讨论方案的最终结果
10 月 22 日～10 月 30 日	秋冬设计企划方案修改，同时已经确定大方向的面辅料，可以调整小样或者大样，出款式稿	设计部	
10 月 31 日	秋冬设计企划方案最后定稿	设计部、企划部、运营部、营销部、陈列部	
11 月 1 日～11 月 30 日	出款式稿，调（开发）面料、辅料，生产样衣	设计部门	同时到供应商处挑样衣修改
12 月 1 日	第一批风格样衣品议	设计部、企划部、运营部、营销部、陈列部	设计部与陈列部沟通，陈列部将样衣适当搭配
12 月 2 日～1 月 9 日	设计、出款式稿，生产样衣，同时到供应商处挑样衣修改	设计部门	
1 月 10 日	第二批风格样衣品议	设计部、企划部、运营部、营销部、陈列部	设计部与陈列部沟通，陈列部将样衣适当搭配
1 月 11 日～2 月 5 日	设计、生产样衣，找供应商挑选样衣，修改	设计部	此阶段以找各供应商看样衣进行修改为主
2 月 6 日～2 月 9 日	回挑样衣，布置订货现场的相关工作，服装陈列出样	设计部、陈列部、企划部	设计部与陈列部沟通，由陈列部门布置订货会的货品搭配
2 月 10 日～2 月 12 日	订货会	公司各部门	
2 月 13 日～2 月 16 日	订单整理	商品计划部	

续表

时间	内容	参加部门	备注
2月17日～2月25日	订购面辅料、下生产计划，签订合同	商品计划部、生产部	
2月26日～6月20日	秋冬季产品生产大货、理单、跟单，秋季产品要生产完毕、进仓	商品计划部、生产部	此阶段陈列部门做陈列方案
6月21日～7月10日	下发各卖店货品整理、第一波段货品物流派送	商品计划部、生产部、营销部	
7月11日～7月25日	第一波段秋季货品上架	陈列部、营销部、物流部	陈列部陈列出样，对店务人员进行新货品培训，之前要将冬季货品全部进仓
8月1日～8月15日	第二波段秋季货品上架	陈列部、营销部、物流部	
9月15日～9月30日	第一波段冬季货品上架	陈列部、营销部、物流部	
10月10日～10月25日	第二波段冬季货品上架	陈列部、营销部、物流部	
11月1日～11月15日	第三波段冬季货品上架	陈列部、营销部、物流部	

二、当季产品设计企划

（一）主题设计

主题设计是在充分的市场调研、流行趋势等情报收集及分析的基础上进行的。一般以灵感加基调板上的图片或者效果图的形式来表示，也可以是采集来的服装、面料裁片和装饰物，所有的这些或许都是下一季产品开发的关键元素。在主题设计里，需要说明下一季的外观整体风貌、新系列的主题以及面料和款式造型。

主题设计有一个大的主题，在大的主题下还会有3～4个分主题。大主题经常会围绕一个故事、流行趋势或者生活方式向大家阐述下一季的流行主题和设计方向，如图5-1～图5-6所示。

图5-1 设计主题效果图1

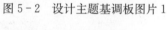

黄金岁月

富丽堂皇的宴会厅，现代感的谈判桌，或是悠闲、或是紧张，一群衣冠楚楚的男性身着裁剪讲究的服饰，在每个场合都游刃有余。高品质的面料、精湛的工艺、合身而修长的服装板型，彰显出男性儒雅的气质特征。该主题将男性的事业与生活、时尚与经典的黄金岁月很好地展现出来。

图 5-2 设计主题基调板图片 1

图 5-3 设计主题效果图 2

图 5-4　设计主题基调板图片 2

图 5-5　设计主题效果图 3

图 5-6 设计主题基调板图片 3

在主题企划中要体现产品的设计风格。另外，参考品牌、竞争品牌以及主题故事也是企划中较为重要的一个环节，是充分体现产品设计文化性、故事性的重要组成部分，如图 5-7、图 5-8 所示。

主题名称：秋衍
关 键 词：时尚、休闲、潇洒
主题说明：幽灵、吸血鬼、巫婆、精灵、半人马……来源于万圣节的元素，集成一体。

图 5-7 某品牌秋冬主题设计《秋衍》

品牌风格：商务时尚休闲
参考品牌：Dior Homme、D&G
竞争品牌：帕加尼、GXG
目标消费群：年龄在25～32岁，追求时尚、有一定文化素养、爱好艺术、懂得服装品位的年轻白领。

品牌故事：
19世纪初，Henny出生于意大利最浪漫的水城威尼斯，父亲是一个典当商人，同时也是一个执著的文艺爱好者。他经常跟随父亲去圣马可广场，陶醉在艺术文化的气息氛围中，18岁那年，他去了意大利最好的服装院校，在求学期间，他的作品多次获奖，被称为院校的"鬼才"。
毕业后，在父亲的支持下，他建立了自己的服装设计工作室，他的设计风格独特，简约中不失浪漫，颇受当时上层社会人士的喜爱。
1916年，他开始涉及男装，以精湛的工艺和独特的剪裁受到当时人们的喜爱，他的服装被皇室人员所喜爱，成为皇室的服装设计师。
Henny去世后，他的品牌被他的子女所继承，是目前意大利著名的男性定制服装品牌之一。

图 5-8　某品牌秋冬主题设计《秋衍》

（二）款式、面辅料企划

每一季产品的设计并不是全部否定上一季的产品样式，而是在上一季产品开发的基础上，再开发设计符合新一季消费需要的服装产品。一般而言，新一季产品开发中，有10％～20％的产品是上一季产品样式的延续，50％～60％的产品是品牌风格延续的设计，另外10％～20％的产品才是对品牌创造性市场的产品开发。

1. 款式企划

款式企划要考虑款式的基本造型。在店铺数量不多的情况下，货品不是很多，要根据品牌定位的消费群体定出下一季流行的基本款式。

在进行款式数量企划时，要考虑店铺数量、面积等因素，然后再来定设计量。实际设计量为计划设计量的 1.5～2 倍。

表 5-2 是某公司 2007～2008 年秋冬季款式数量比例。这家公司在全国有 15 家店，以南方地区为主。开发的总款量为 60～70 款，单件色为 120 件左右。秋季与冬季货品的数量比例为 35：65，针织与机织产品的数量比例为 35：65。

表 5-2　某公司 2007～2008 年秋冬季产品款式数量比例

品类	数量百分比（％）	款量（件）	品种百分比（％）	总品种量（件）	面料企划
正装套西服	3	2	4	4	100％高纱支羊毛面料
正装单上衣	3	2	4	4	5％羊绒、15％羊毛或毛混纺、80％棉
大衣或风衣	5	3	3	3	10％羊绒、40％新颖面料、50％棉
衬衫	10	6	11	12	100％高纱支棉
夹克	12	7	13	14	50％棉、50％新颖面料
棉褛	12	7	13	14	50％棉、50％新颖面料

续表

品类	数量百分比 （%）	款量（件）	品种百分比 （%）	总品种量（件）	面料企划
皮衣	5	3	3	3	100%羊皮
休闲裤	15	9	18	20	80%棉、15%牛仔、5%丝棉
长袖 T 恤	10	6	11	12	10%羊绒、15%羊毛、75%棉及新颖面料
针织毛衫	17	10	18	20	30%羊绒、70%羊毛
合计	100	59	100	112	

2. 面辅料企划

　　面辅料的企划要考虑面料的成分、组织结构、质地以及色彩等。有些高档的品牌选用的面料支数比较高，因此面料细腻、光泽感好。表 5-3 为某公司秋冬面料的企划。

表 5-3　某公司秋冬面料企划

品类	数量百分比 （%）	款量（件）	品种百分比 （%）	总品种量 （件）	面料企划
正装套西服	4	2	4	4	100%高纱支羊毛面料
正装单上衣	4	2	4	4	5%羊绒、15%羊毛或毛混纺、80%棉
大衣或风衣	5	3	3	3	10%羊绒、40%新颖面料、50%棉
衬衫	11	6	11	12	100%高纱支棉
夹克	13	7	13	14	50%棉、50%新颖面料
棉褛	13	7	13	14	50%棉、50%新颖面料
皮衣	5	3	3	3	100%羊皮
休闲裤	16	9	19	20	80%棉、15%牛仔、5%丝棉
长袖 T 恤	11	6	11	12	10%羊绒、15%羊毛、75%棉及新颖面料
针织毛衫	18	10	19	20	30%羊绒、70%羊毛
合计	100	55	100	106	

第三节　产品设计

一、产品设计

　　设计主题确定好之后，要对产品款式展开设计。在进行产品设计时，要考虑波段产品设计、系列设计以及不同风格的分类设计。

（一）波段设计

　　在产品设计开始之前，已经对该季的产品总数有了规划，在实际的产品设计中，波段产品的设计规划也非常重要。确定每一波段的产品设计数量、主推的产品系列、色系和实际数量，表 5-4 为某一公司的产品波段设计。做好波段设计，是为了考虑产品在终端卖场的总体形象和服装的可搭配性，达到终端连带销售的便捷性，提高销售量，如

图 5-9～图 5-19 所示。

表 5-4　某公司产品波段设计

品类	第一波段	第二波段	第三波段	合计
西装	1	2	1	4
西裤	1	2	0	3
皮衣	2	4	2	8
毛衫	12	9	2	23
风衣	3	1	0	4
大衣、外套	1	4	3	8
夹克	6	4	0	10
棉背心	2	2	0	4
棉楼	6	4	8	18
休闲裤	6	4	0	10
牛仔裤	5	5	0	10
衬衫	6	4	0	10
T恤	8	4	0	12
合计	59	49	16	124

设计说明：
在繁忙的都市中让自己不再感到疲惫，放松心情，追求自由，感受阳光和风的抚摸
主推色：蓝色、红色、黑色
主推款式：夹克、风衣、毛衫、T恤、休闲裤、牛仔裤
休闲的假日即将来临，放下平日的繁重工作，去旅行放松下，一改往日的紧张情绪，体现男性魅力

图 5-9　第一波段产品设计 1

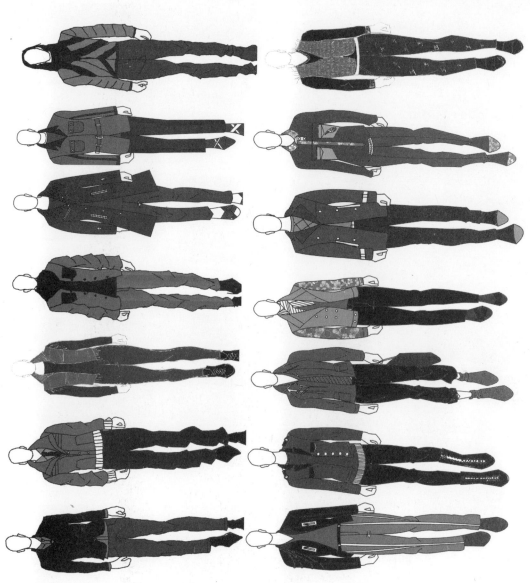

图 5 - 10 第一波段产品设计 2

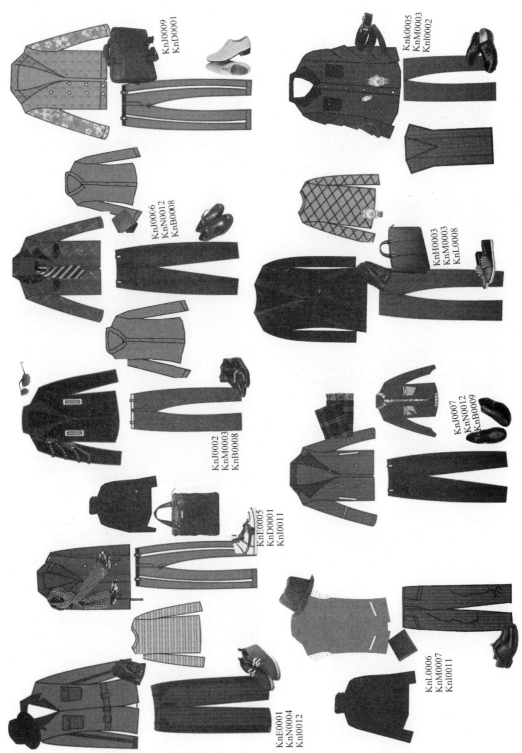

图 5-11 第一波段产品设计 3

KnL0004
KnM0010
KnI0001

KnB0009
KnN0001

KnC0004
KnM0003
KnB0008

KnJ0004
KnM0003
KnA0004

KnL0005
KnM0010
KnB0008

KnK0003
KnM0007
KnA0004

KnK0004
KnM0010
KnA0006

KnE0002
KnM0009

图 5 - 12 第一波段产品设计 4

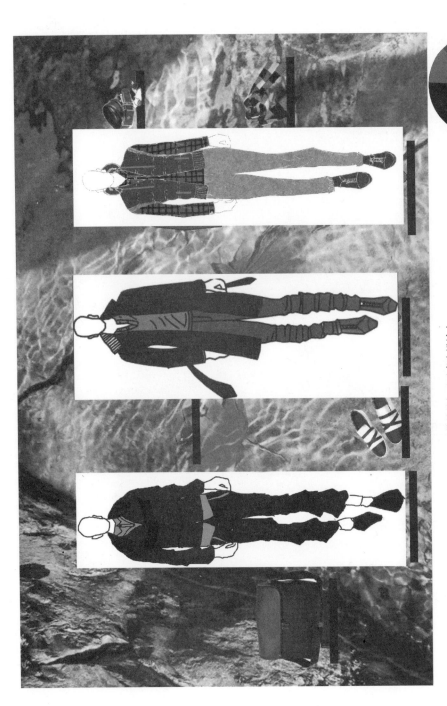

设计说明：回归自然，奔放生命，等待生命的复苏，以简单的扣子元素为设计点
主推色：黑色、红色、蓝色
主推款式：大衣、外套、轻薄棉袄、毛衫等

图 5 - 13　第二波段产品设计 1

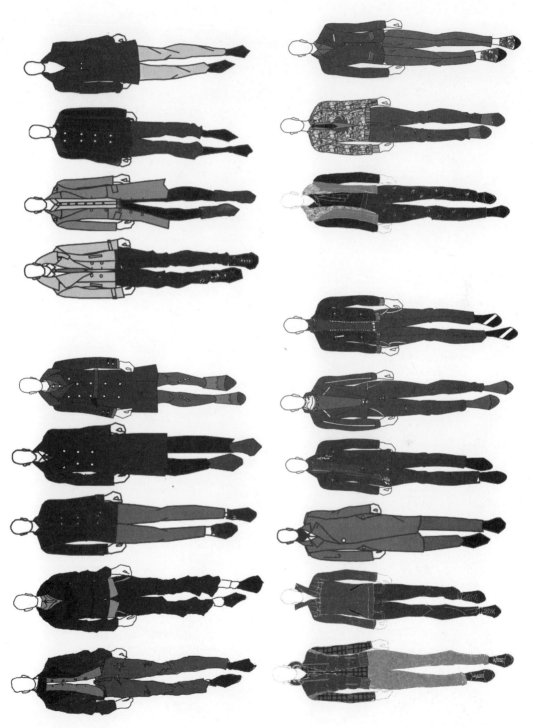

图 5 - 14 第二波段产品设计 2

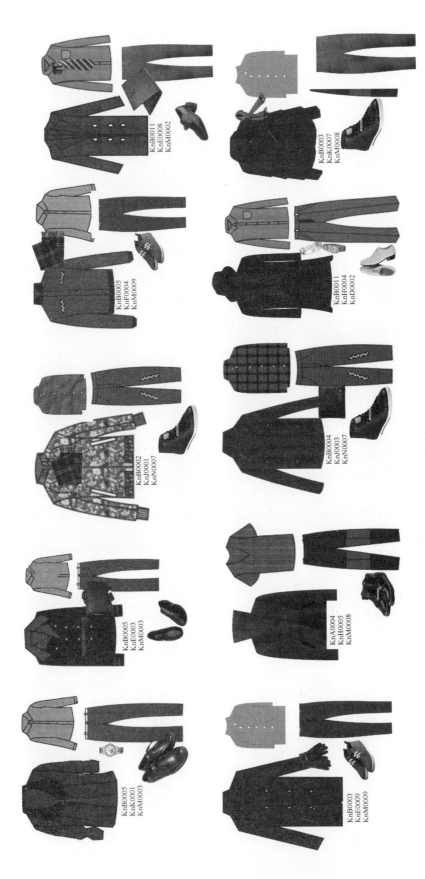

图 5 - 15　第二波段产品设计 3

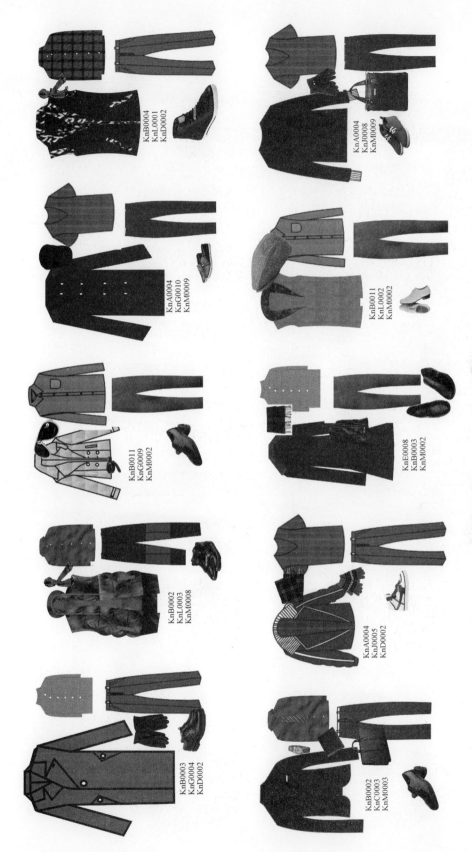

KnB0004
KnL0001
KnD0002

KnA0004
KnJ0008
KnM0009

KnA0004
KnG0010
KnM0009

KnB0011
KnL0002
KnM0002

KnB0011
KnG0009
KnM0002

KnE0008
KnB0003
KnM0002

KnB0002
KnL0003
KnM0008

KnA0004
KnJ0005
KnD0002

KnB0003
KnG0004
KnD0002

KnB0002
KnC0003
KnM0003

图 5 - 16 第二波段产品设计 4

设计说明：商务办公的场合不再只限办公室，一杯咖啡、一杯红酒将男性的品位彰显其中

主推色：蓝色、红色、黑色

主推款式：皮大衣、棉袄、羽绒服、毛衫、牛仔裤

图 5 - 17　第三波段产品设计 1

图 5-18 第三波段产品设计 2

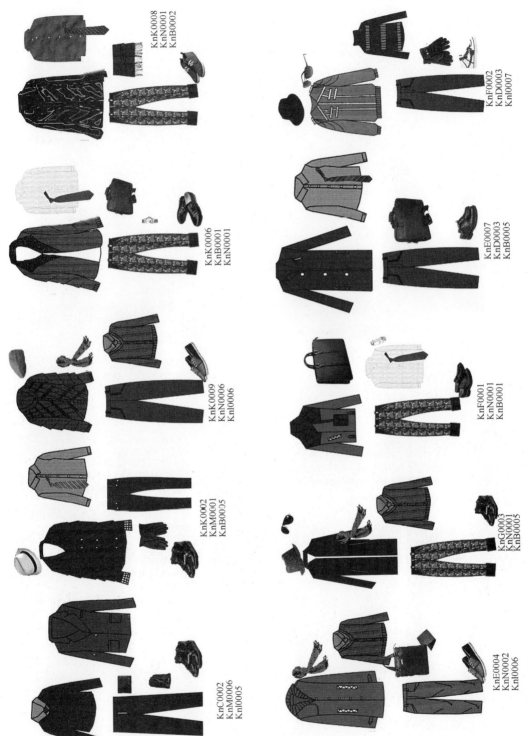

KnK0008
KnN0001
KnB0002

KnF0002
KnD0003
Knl0007

KnK0006
KnB0001
KnN0001

KnE0007
KnD0003
KnB0005

KnK0009
KnN0006
Knl0006

KnF0001
KnN0001
KnB0001

KnK0002
KnM0001
KnB0005

KnG0003
KnN0001
KnB0005

KnC0002
KnM0006
Knl0005

KnE0004
KnN0002
Knl0006

图 5 - 19 第三波段产品设计 3

（二）产品系列设计

产品系列设计是指设计和生产一系列服装、配饰或者产品。这一系列的单品是围绕主题设计展开，其灵感来源可以是流行趋势、生活方式或者反映文化和社会影响的设计导向等，也可以是采购到的样衣的拓展设计，它们都是为下一季节或特定场合而进行的系列设计。这里要强调的是，灵感往往是稍纵即逝的东西，所以设计师要随时将设计的灵感以照片、速写、文字等形式记录下来，以便在今后的设计中派上用场。

产品系列设计的基础是调研，然后进行拓展设计，调研和拓展设计是相互影响的。系列设计主要通过款式造型、色彩、面料图案或工艺来体现，这三者设计的侧重点不同。

以款式造型展开的系列设计是通过不同的外观造型以及面料形成不同的服装感官，如图 5-20 所示。比如以外套的款式拓展的产品系列设计，是采用不同的面料或面料的拼接，以及不同的工艺手法，使服装形成不同的视觉效果，如图 5-21 所示。再比如，也可以以一件两粒扣、中长的基本风衣款式展开进行系列设计，如图 5-22所示。另外，还可以以一个图案元素展开进行系列设计，如图 5-23 所示。

图 5-20 产品款式造型的系列设计

图 5 - 21　外套款式拓展的产品系列设计

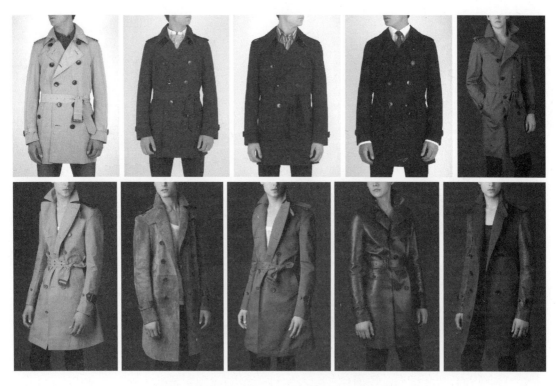

图 5 - 22　以风衣为基本形展开的产品系列设计

图5-23 以一个图案元素展开的系列设计

　　通过对流行色系的研究，可以确定色系进行展开的系列设计。在进行色系设计时，比较便捷的方法是将衬衫花型、针织花型的色彩确定为基本色系，然后在这些色系里确定适合服装的颜色，最后通过确定的色系将产品有序地组合起来，如图5-24所示。

图5-24 同一色系的产品系列设计

　　另外，也可以对面料进行系列设计的展开。通过面料再造，获得与众不同的面料外观效果，如面料的图案设计、面料的打洞、不同面料的拼接等，可以是不同面料的运用或者是三者结合在一起的服装系列设计。另外，也可以通过饰品、上下装的组合形成一种生活方式的系列设计，如图 5-25 所示。

图 5-25　产品系列配套设计

　　在进行产品系列设计时，参与设计的设计师要进行有效的分工与合作，以获得尽量多的有效款式，不然每个设计师都有自己的设计手法和喜好，如果没有设计总监的调整和适时监控，会使设计的产品整体风格一致性受到影响。

（三）产品分类设计

1. 商务风格产品设计

（1）关键词：职业兼休闲、商务、传统、经典，如图 5-26～图 5-30 所示。

图 5-26　商务服装的款式特点

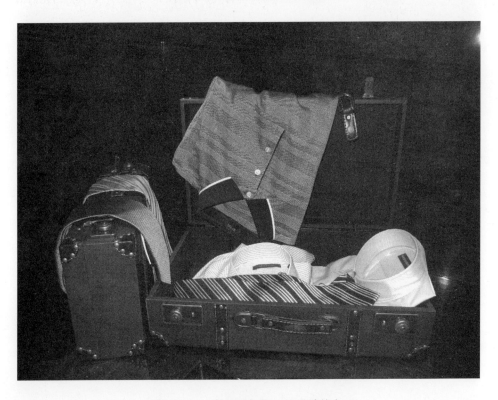

图 5-27　商务服装的 T 恤设计特点

图 5 - 28　商务服装的饰品特点 1

图 5 - 29　商务服装的饰品特点 2

图 5 - 30　商务服装的休闲款设计特点

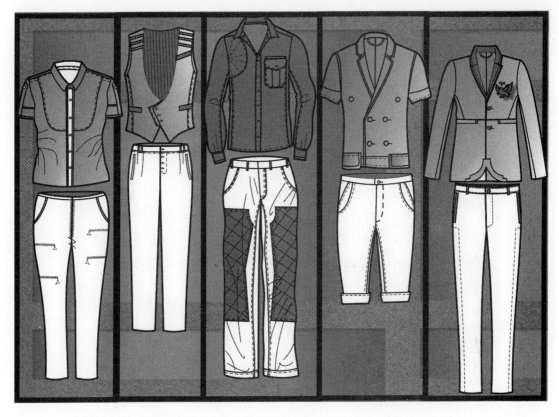

图 5-31　商务风格的服装设计　设计者：杨丹丽

（2）款式设计要点：款式造型简洁，轮廓型感较强，如图 5-31 所示。正装西服、正装衬衫、正装领带为一组产品的设计，休闲西服（单件西服）、休闲裤子以及毛衫、T 恤、休闲衬衫为一组产品的设计。另外，夹克、休闲裤子、T 恤也为一组产品的设计。根据风格不同，各品牌主打的产品也不同：有些以第一组的正装产品为主，如意大利品牌 Canali、中国品牌 Lambo 等；有些是以第二组的休闲西服为主，很多商务休闲品牌都采用这类产品；有些则以第三组的夹克系列为主，如 Verri 品牌。

（3）色彩设计要点：在商务品牌的色彩设计中，产品用色清晰、干净。采用单色的比较多，有时也用些流行色。

（4）面料设计要点：主要使用精纺毛料、羊绒面料、100％羊毛、羊毛与羊绒混纺、100％棉等天然纤维的面料或者是高科技新面料。当然，根据品牌市场定位的不同，所采用的面料价位也会有所不同。越是高档的品牌所采用的面料越是高档，同样是棉、毛面料，采用的是高纱支的棉、毛面料，面料细腻、光滑有弹性。

（5）装饰设计要点：采用数字、拼接、嵌条装饰较多。

（6）饰品设计要点：主要包括领带、正装皮带、装饰袖扣、香水、内衣、内裤、眼镜等饰品。

2. 休闲风格产品设计

（1）关键词：休闲、时尚、大众、年轻，如图 5-32～图 5-35 所示。

（2）款式设计要点：以 T 恤、休闲裤和夹克设计为主，如图 5 - 36 所示。近几年衬衫也很流行，并且以格子图案的衬衫面料为主。

图 5 - 32　休闲服装款式设计特点 1

图 5 - 33　休闲服装款式设计特点 2

图 5-34　休闲服装款式设计特点 3

图 5-35　休闲服装饰品设计特点

图 5-36 休闲风格的服装设计 设计者：杨丹丽

（3）色彩设计要点：休闲品牌的用色要视品牌而定，有些品牌采用灰色、中性色彩，如著名男装品牌万宝路（Marlboro）。大多数休闲品牌男装常用的色彩，包括深蓝色、黑色，白色等，有时再加上点流行色。

（4）面料设计要点：面料以棉、麻、粗纺、毛料为主，有时也会使用一些化纤的面料。

（5）装饰设计要点：以图案装饰为主。根据不同的风格特色，不同品牌在图案的选择上也会有所不同。有些品牌会以波普的艺术图案为主，但大多的休闲品牌以几何图案、抽象图案为主。

（6）饰品设计要点：主要包括休闲皮带、鞋子、包、围巾、眼镜等饰品，目前很多休闲品牌也开发一些内衣、内裤。

3. 运动风格产品设计

（1）关键词：运动鞋、运动、舒适、功能，如图 5-37～图 5-39 所示。

（2）款式设计要点：运动装款式廓型简洁、穿着舒适。运动风格服装的功能性摆在第一位，因此在进行款式设计时，服装的舒适性、安全性考虑得会比较多。在细节设计中，会采用一些调节扣、弹力绳、搭扣等起到调节的功能，使穿着者获得最舒适的状态。设计中还会运用一些分割、镶拼的设计方法，加强服装的动感，如图 5-40 所示。

图 5 - 37 运动品牌的特点 1

图 5 - 38 运动品牌的特点 2

图 5-39　运动品牌的特点 3

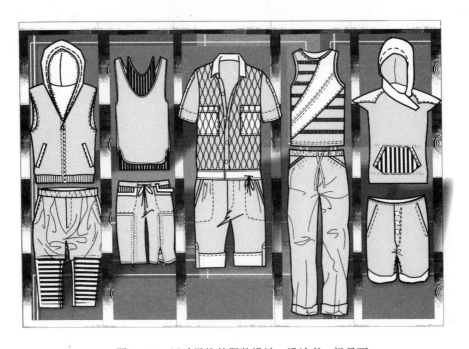

图 5-40　运动风格的服装设计　设计者：杨丹丽

（3）色彩设计要点：运动装的色彩会采用一些男装的基本色彩，如黑色、蓝色、白色等，另外，还需要考虑流行色的使用。总体来说，运动装的色彩清晰，鲜艳、明快。

（4）面料设计要点：由于运动的种类繁多，运动特点各不相同，所以对应的运动装的面料性能、外观和手感也会有所不同。在选择面料时，要考虑面料性能与运动装的关系，选择适合的面料。这里的运动装是指以大众健身为主的运动，面料以舒适、柔软的棉或者轻便的高科技面料为主。

（5）装饰设计要点：采用数字、拼接、嵌条、调节扣、弹力绳、搭扣以及拉链等装饰较多。

（6）饰品设计要点：鞋子是运动品牌最常见、最主要的饰品，其他的饰品，如吸汗性好的运动袜、运动休闲包等，也是常见的饰品。

（四）产品设计的表达方式

产品设计不要求画效果图，这样既花时间又达不到目的，最好画平面图，更准确地说，是通过画图进行设计意图的表达。不仅要设计服装正面，也要设计服装背面，还需要设计内部结构工艺。一些特殊的工艺手段要标注明确，以便下一道工序的人员能一目了然。设计稿旁边需贴附相应的面料小样，这也是画平面图的原因，这样的话面料、肌理、色彩、质感都很清楚，特殊的辅料要贴上去或加以特别说明。当然在设计的展开过程中，除了对款式、色彩、面料进行设计外，纽扣、商标、拉链等一些辅料、装饰品也要进行设计，以表现鲜明的品牌个性，如图5-41~图5-43所示。

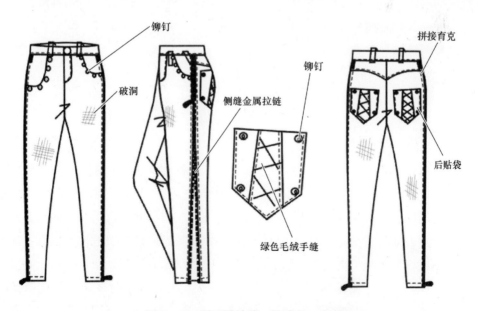

图5-41 平面设计稿 设计者：翁丽娜

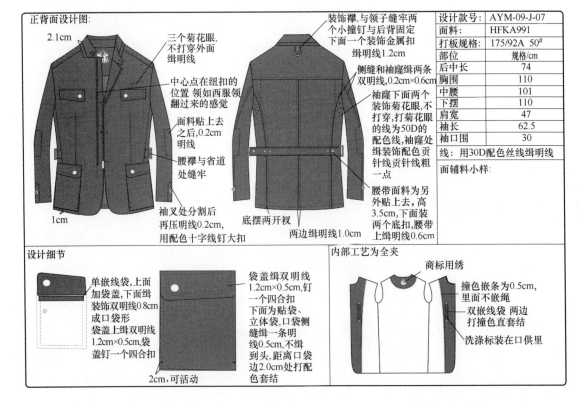

图 5-42 产品设计稿

二、选购面辅料

捕捉面辅料开发动态时会选购面料小样，此时是对一些确定的设计稿采购样衣料，一般只采购一种颜色的面料 3~5 米。多采购的面料是为了修改样衣使用。为了节约，其他几个颜色的面料待样衣被确定之后再购买。

三、设计样衣

（一）制作样衣

根据确定的设计稿制作样衣。设计师要跟打板师很好地沟通设计意图，以便打板师能制作出符合设计师意图的样板来，样板打好后则由样衣制作工来制作样衣。有时，样板也可以从原有成熟的板型中进行挑选，只要在此基础上进行改板就可以了。这种板型比板师重新打一个板更有效果。作者在为企业设计时，就经常挑选一些外贸板使用，因为这些外贸板板型成熟性好，如西装板合身，袖形漂亮，符合当下款式造型，只是外贸板的身高和袖长与国内不同，因此，只要在此基础上修改下袖长、衣长以及调整适当的比例就可以了。制作样衣不仅能看出设计的服装实物效果，而且还能进一步掌握面料的拉伸程度、缩水状况等性能。如用针织花呢制作的休闲西服，一般成品的肩部会比打板的肩部宽，这是

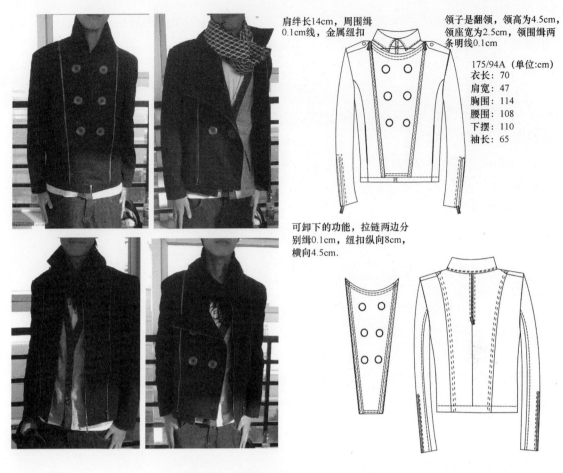

肩绊长14cm，周围缉0.1cm线，金属纽扣

领子是翻领，领高为4.5cm，领座宽为2.5cm，领围缉两条明线0.1cm

175/94A（单位:cm）
衣长：70
肩宽：47
胸围：114
腰围：108
下摆：110
袖长：65

可卸下的功能，拉链两边分别缉0.1cm，纽扣纵向8cm，横向4.5cm.

图5-43 设计与成品 设计者：潘虹亚

由于面料的不稳定性造成的。因此，在制作样衣时，要计算不稳定率，以便在工业化批量生产中控制成品质量。

（二）修改样衣

样衣做好之后，安排模特试穿，设计师、板型师和工艺师会一起对样衣进行讨论。有些大型企业有专职的试衣模特，小型企业则是由人台模特来代替。设计师从服装的设计和板型入手分析服装，从面料与款式是否协调、辅料的搭配是否协调、服装的机能性如何、板型是否美观等多方面来考虑。一旦有问题就要立刻进行修改。

在选择试衣模特的时候，要考虑模特的身高和比例，因为这些信息对制板来说非常重要。一旦决定将产品投放市场，就需要对服装号型有所调整，包括改变长度、比例等，主要是为了适合目标消费群体的身高比例。

（三）确定样衣

一旦确定样衣，就要开始进行多色样衣的制作，也就是一款服装进行多种颜色的制作。有时其他几个颜色待大批量生产时才会有，在订货会中只提供面料小样，但最好是做出其他几个颜色的服装实物，以便能更直观地呈现出服装效果。

(四) 采购样衣

一个品牌在实际运营中，会涉及不同种类的服装，如西服、夹克、毛衫、裤子、衬衫等，但很多服装企业并非在生产工艺上面面俱到，除了自己所拥有的生产工艺外，往往前阶段以采购或借用的方式获得其他服装样衣来充实产品的开发，后阶段在实际生产中采用贴牌加工的方式。贴牌是指由其他厂家生产贴上自己的商标后成为自己的产品，此类操作方式称为贴牌。采购样衣与设计的展开同步进行，因为会结合品牌对采购的样衣进行一定的修改和再设计。

四、阶段产品设计评议

产品开发过程中，会产生对原有产品的设计思路进行调整的阶段，这就会延长产品的开发时间，因此，为了保证产品系列开发时间的有效管理，每个阶段都必须进行产品评议，及时应对产品开发过程中的系列调整。

为了让设计在最后阶段能切实符合品牌的特点，保证设计开发的有效性，一般情况下，每个月或者产品开发分阶段，公司的销售部门、企划部门以及其他相关部门会对设计产品进行阶段性的评议，帮助设计师把握产品开发的大方向，并随时吸收各部门对产品开发的建议。

第四节　订货会

订货会是公司的一件大事，需要公司各个部门的配合。在订货会前期，设计部门已经将订货会的产品开发完毕，并且与商品企划部门、营销推广部门进行了沟通。

一、召开订货会

设计师要根据企划方案中排定的日期按时开发完产品，然后准备订货会。订货会至少要在下一季产品投放市场前 4 个月完成。订货会可以是动态的也可以是静态的。动态的展示成本较高，但宣传性好。静态的展示一般在企业的展厅里举行，设计部门将样衣进行搭配，供订货商或销售人员选择。

订货会根据企业产品风格分为四季或两季召开。四季的订货会分成春、夏、秋、冬四次，一些年轻品牌或者男女装都做的休闲品牌、运动品牌往往一年召开四次订货会；两季的订货会分春夏季和秋冬季两次，一般商务品牌的男装采用两季订货的较多。

设计部门在订货会之前将产品信息按波段、数量、产品结构等分类提供给商品企划部门，由商品企划部门制作成产品订货手册，在订货会期间分发给订货人员，以便参考。

下面以某一家企业2012年的春季订货会为例介绍如何召开订货会，该企业采用了动态和静态的产品订货会。动态展示中，品牌的执行总监、销售推广总监、设计总监从不同的角度将企业的销售状况、该季产品的推广力度以及设计创意主题向各直营店经理、代理商等订货人员做了介绍，使他们对该季产品有个总体的认识。然后再进行了为期三天的静态订货会。在静态订货会中，为做好产品开发的保密性，所有来宾的包、手机、照相机、U盘等都不能带入场，也不能带任何物品包括订货手册等离开。

在静态会场的布展中，准备了供订货人员参考的产品手册，分区域进行主题产品搭配布置，还划分出了订货洽谈区、培训咨询区、订货区、餐饮区等。产品手册中包含了产品波段物流日期、波段上货日期、产品结构、产品数量、产品波段搭配以及详细的货号等信息。对于规定的必选款和当季的每个波段、每个单品以及总量，产品手册中都有详细的说明。分主题的产品搭配，有利于订货商从产品系列化的角度了解产品并进行订货，而且有利于在终端卖场中塑造产品形象的整体性。订货现场会安排公司的员工为订货商讲解产品，并为订货商订货做一一的单品分析，从质量、价格、适合年龄、规格等方面进行介绍。订货商看中的服装可以在产品手册中直接打钩。

由于该品牌市场很大，有1000多家的直营店和代理商，因而订货会的现场根据店面的大小划分成两个订货区域，经营面积在150平方米以上的为一个订货区域，150平方米以下的在另一订货区域。两个区域展示的产品也会有所不同，经营面积在150平方米以上的订货区域中货品相对要丰富些，并且在这个会场的布置中，有大型的产品结构海报，产品结构、价格、产品数量等信息在十几个电子屏幕中滚动播放。里面再分七个区域进行订货，每个订货区域在产品上都标有明确的产品波段，让订货商对货品的情况一目了然。

订货商之间也会相互讨论，根据自身的销售经验，判断哪些款式会在下一季中成为畅销款、哪些款式比较适合当地的销售并受到消费者的喜爱等。

二、确定投产的产品及数量

根据订货会的情况，订数少的服装就会被淘汰。也有极个别款式订数虽少，但设计师或企业领导认为有可能会在下一季很好销售，于是试探性地进行少量生产。订货商只是有经验的商人，并不能完全代表消费者或市场的动向。

投产的产品需要考虑产品的深度和广度。产品的广度在产品设计开发过程中就已经有所考虑，会根据店铺数量、面积来考虑产品的总体开发广度，也就是产品的设计量。产品的深度是指每个产品计划生产的数量和号型比例的分配，要从产品的款式、色彩、面料考虑，还要判断是时尚款还是基本款。表5-5所示为某公司秋季休闲西服产品的订量及号型配比。该公司在全国有15家店，基本都是在南方地区，属于商务休闲品牌，目标消费群体是以中档的白领消费群体为主。

表 5-5　产品深度的案例分析

休闲	JA			JB	JC
西服	藏青色	浅米色	咖绿色	铁锈红	黑色
款型描述	两粒扣、平驳领，贴袋，合体休闲西服，后无摆衩，面料为全棉斜纹面料，水洗，成衣水洗			两粒扣，平驳领，双嵌线袋，合体西服，成衣水洗，面料为肌理感较好的全棉面料	一粒扣，戗驳领，短款，袖偏长，修身西服，有光泽的时尚面料
订量	150	100	120	180	100
号型	S、M、L、X、XL	S、M、L、X、XL	S、M、L、X、XL	S、M、L、X、XL	S、M、L、X
配比	20：50：50：20：10	16：32：32：14：6	16：40：40：16：8	30：60：54：24：12	28：32：26：14
属性	基本商务系列			基本商务系列	时尚系列

<h1 align="center">第五节　产品管理</h1>

一、产品设计档案管理

（一）设计管理

产品最终要推向市场实现其经济价值，这主要是通过销售来实现的。当产品被投放市场后，设计师应对各个销售点进行指导，包括服装的搭配、橱窗服装的设计、服装的摆放等方面，也要及时调查市场，反映和了解销售情况，根据综合反馈的信息改进产品设计并进行新的设计构思。

服装设计是设计师一个人的知识结晶，但从设计到成品、又从成品到商品时，这就是集体的成果。设计开发、面辅料采购、样衣制作、批量生产、投放市场销售等各个环节的顺利展开少不了各个岗位工作人员的共同努力。

（二）成本管理

成本管理在产品开发中非常重要。产品的成本主要包括面辅料等直接成本、生产加工的劳动力等间接成本以及管理成本三部分。为了节省成本，在服装样衣完成后，可以使用替代的面辅料，或者将生产放到发展中国家，这些国家的劳动成本相对较低。

二、生产管理

投产的产品和数量一旦确定，就要进行实质性的产品生产阶段。

（1）制作工业样板。根据样衣板制作工业板，然后进行推板。

（2）定购面辅料。根据订货数量向面辅料商定购面辅料。

（3）排料。为减少浪费、降低成本，应仔细地画出最为合理的衣片排料图，现在这项工作大多在电脑上操作。

（4）制作批量生产规格。缝制时的要求、缝制方法、辅料及配件的使用方法，关于面料、色彩、对条对格的说明以及各种配色的生产量等都要在交付工厂生产前详细地写在成衣规格或生产文件中，有时连整烫要求也要明确注明。

（5）检验原材料。在裁剪之前检查原材料是否存在疵点、脱丝及染色上的色差等问题，避免服装成为次品，造成质量问题。

（6）裁剪。根据排板图和裁剪说明对检验过的面料进行裁剪。如果需要刺绣，裁成衣片后送往有关刺绣厂进行加工。

（7）缝制。根据缝制说明进行生产加工。这时商标和洗涤说明要一起缝上。

（8）整烫。缝制完成后先进行检验再整烫。

（9）检验。这是产品的最后检验，主要检查产品的缝合状况，明线缉得是否符合要求，扣眼锁得怎么样，扣子钉得如何，领子、袖子绱得如何，底边缲得如何以及是否符合尺寸要求等。

（10）验货进仓。主要检查是否存在次品，以及数量是否符合。

三、物流管理

只要涉及运输、储存、装卸、搬运、包装、流通加工、配送、信息处理等方面，都属于物流管理的范畴，主要包括面辅料的供应物流管理、生产物流管理、成品物流管理、销售物流管理以及外贸物流管理。有效的物流管理，可以解决库存服装，提高反应速度，减低物流成本。

服装具有典型的流行性和季节性。服装企业，特别是具有一定规模的服装企业，随着企业规模的继续扩大，经营方式和经营区域的不断扩充，专卖店、店中店、加盟商、批发商、分公司、办事处的数量越来越多，分布地域也越来越广。这就要求有效的物流管理，同时建立快速反应体系，让终端市场信息能够第一时间被反馈到总部的决策中心，以便物流管理部门及时了解市场销售信息，有效解决库存问题，增加销售额。快速反应时尚品牌 ZARA 就是依靠强有力的物流管理和快速反应体系，帮助品牌创下了巨额的利润。

思考题

请说说品牌化男装产品设计的流程?

课后作业

虚拟一个男装品牌,进行品牌化产品系列的设计,要求每一个品类包括五款不同的设计,可以搭配成不同的系列。

男装产品终端形象设计

课题名称： 男装产品终端形象设计

课题内容： 男装品牌终端形象案例分析、男装陈列特点

课题时间： 6 课时

训练目的： 让学生了解男装品牌的陈列方式和陈列技巧。

教学方式： 多媒体授课，通过大量案例和图片进行教学，激发学生学习的积极性。另外，通过卖场调研，让学生增强陈列能力。

教学要求： 1. 几个典型男装品牌的终端形象案例讲解。

2. 让学生了解男装陈列的特点和技巧。

课前准备： 联系店铺让学生实习并进行调研。

第六章 男装产品终端形象设计

第一节 男装品牌终端形象案例分析

一、案例 1——乔治·阿玛尼

（一）品牌简介

阿玛尼是意大利品牌，于 1975 年创立，创始人是乔治·阿玛尼先生。该品牌先推出高级男装，成名后又推出阿玛尼女装品牌。该品牌的男女服装面料新颖，制作精良，风格优雅。

（二）品牌风格

阿玛尼推崇极简主义的服装风格，注重色质的相融性，服装造型大方简洁，线条流畅优雅，做工讲究。

（三）品牌形象

优雅、简单、追求高品质而非炫耀的流行，看似简单，又包含无限，这是阿玛尼赋予品牌的精神。追求自我价值的肯定和实现，给予男人自信，并使人深切地感受到自身的重要。

（四）目标消费者特征

阿玛尼品牌的目标消费群是富有的成功男性，他们是一群气质优雅、不爱张扬、内敛含蓄、追求简洁、有品位的成功男性。

（五）橱窗设计及卖场陈列形象设计

乔治·阿玛尼的橱窗设计就如它的服装设计风格一样，装饰高雅而不浮夸，简洁不单调，严谨而不刻板，随意中透出优雅的气息。

卖场陈列形象简洁、优雅，充满了艺术的气息，如图 6-1 所示。同时，用情景展示加上音乐，烘托出一种艺术的氛围，传播品牌文化和品牌形象。图 6-2 所示的是乔治·阿玛尼旗下的二线品牌安普里奥·阿玛尼（Emporio Armani）的橱窗陈列。

图 6-1　乔治·阿玛尼在米兰的橱窗设计

图 6-2　乔治·阿玛尼旗下的二线品牌安普里奥·阿玛尼

二、案例 2——杰尼亚

(一) 品牌简介

该品牌于 1910 年在意大利创立，创始人是杰尼亚先生。杰尼亚目前是世界上最大的男装品牌之一，目前还没有涉及女装领域。男装主要包括有正装、商务休闲装、运动装三大类。该品牌主要针对年轻、时尚的精英男性设计。

(二) 品牌风格

杰尼亚是高档的男装商务品牌，彰显都市男性的高贵之气，简洁又不严肃。杰尼亚的服装以高品质面料和高品质工艺著称。

(三) 品牌形象

杰尼亚的男装就如它的商标设计一样，没有太多的色彩，简洁、不浮夸。商标中采用统一的杰尼亚字体，加大的 Z 字介于字母与底色之间，特别醒目，商标底色有黑色、灰色和白色。多年来，该品牌以裁剪一流的传统正装著称于世。

（四）目标消费者特征

与阿玛尼品牌一样，杰尼亚品牌的目标消费群体也是富有的成功男性。但不同的是，阿玛尼男装的特点是带有脱俗的优雅气质，杰尼亚男装的特点是带有时尚、高品质的都市男性气质。

（五）橱窗设计及卖场陈列形象设计

杰尼亚的店面是服装的真实写照，简洁、不奢华。看似简洁却采用高品质的材料装修而成，点点滴滴可以看出杰尼亚品牌追求高品质的特征。深色的直线几何形勾画出店面框架，体现出男性的伟健与庄重，红色的地毯和黑色镶边的红色沙发又体现出庄重中的一份热情。

杰尼亚卖场陈列设计传统、典雅，表现出品牌文化和内涵。材料和工艺考究，注重细节的刻画和灯光的照明作用。常将木板、真皮、金属嵌条等原始和现代的材料相结合使用，衬托出其传统、儒雅而不失现代感的品牌特征，如图 6-3、图 6-4 所示。

图 6-3　杰尼亚橱窗陈列设计 1

图 6-4　杰尼亚橱窗陈列设计 2

三、案例 3——ZARA

（一）品牌简介

1975 年，学徒出身的阿曼西奥·奥尔特加·高纳（Amancio Ortega Gaona）在西班牙西北部的偏远市镇开设了一个名为"ZARA"的小服装店。如今，昔日名不见经传的 ZARA 已经成长为全球时尚服饰的领先品牌，身影遍布全球 60 余个国家和地区，门店数已达 1000 余家，以直营店为主，用开放式的卖场给顾客提供了一个轻松的购物环境。

（二）品牌风格

模仿各种大牌服装设计衣服，是当季流行的款式，材料和剪裁没有大牌那么纯粹，但是价格很平民，很受追逐时尚、流行的中下层阶级及年轻人的欢迎。

（三）品牌形象

快速、大牌、流行。

（四）目标消费者特征

目标消费群体定位在追赶时尚的大众消费者身上。

（五）橱窗设计及卖场陈列形象设计

根据季节和服装上市的信息，每个月都进行橱窗的设计变化。ZARA 品牌有一流的卖场陈列设计，并且经常更换陈列的位置，以凸显其货品变化快、变化新的特点。ZARA 的橱窗设计完全像一张海报设计，它有着强烈的视觉平面设计的构成元素，很有现代都市的情结。卖场品牌的标志醒目，常用金属框架、金属射灯和有机玻璃层板等现代材料衬托，道具设计简洁、统一，便于服装的移动陈列，适合不同品类的服装陈列，如图 6-5、图 6-6 所示。

图 6-5 ZARA 的橱窗陈列设计

图 6-6　ZARA 的卖场陈列设计

第二节　男装陈列特点

　　总结上一节中对典型品牌终端形象案例的分析，再根据男性着装特点、着装心理、消费心理，概括出以下八个方面的男装陈列特点。

一、品质感

　　男性着装最大的特点就是体现自信，因而男性对品质感的要求胜过女性。

　　卖场的品质感是品牌形象的体现，反映出品牌的档次、品位，通过良好的店铺陈列氛围、品质感的陈列方式、店务人员的礼仪和着装以及店铺的卫生和整洁度来体现。店铺的陈列氛围通过灯光、店面装修的用料及工艺、产品的货组陈列规划和色彩搭配等实现。具有良好品质感的陈列方式则是通过货品陈列的整洁度和平衡感、陈列细节、良好的产品熨烫以及陈列维护等实现。如图 6-7、图 6-8 所示，前者是高品质的商务品牌服装陈列，后者是中档品质的休闲品牌服装陈列。

二、"色彩营销"陈列

　　合理而精彩的色彩搭配会吸引消费者，男装陈列的色彩搭配有以下几个特点。

图 6-7 高档男装商务休闲品牌

图 6-8 中低档男装商务休闲品牌

（一）色系陈列

1. 同一色系陈列

将同一色系进行陈列出样会使陈列整体色彩醒目、协调且富有层次感，运用在商务、休闲男装品牌中较多，如图6-9所示。

图6-9　同一色系陈列

2. 对比色系陈列

使用对比色系进行陈列的卖场则显得活泼、年轻、动感，可以起到平衡空间的作用，一般运用在运动、休闲男装品牌，如图6-10所示。

图6-10　对比色系陈列

3. 中性色系陈列

中性色系陈列是在男装陈列中运用最多的色彩陈列，使整体显得大气、沉稳，如图 6-11所示。

图 6-11 中性色系陈列

(二) 色彩平衡感、节奏感的陈列

1. 注重平衡感的陈列

陈列时考虑色彩的轻重感，可以使店铺内的陈列达到一种色彩的平衡，比如将对比色陈列在相邻的货架中，形成视觉上的平衡等，如图 6-12、图 6-13所示。

2. 注重节奏感的陈列

节奏感陈列是通过色彩的渐变、间隔、彩虹法等变化来体现，如图 6-14所示。

(三) 流行色系陈列

为了让品牌具有时尚感，因此，在橱窗的陈列中，经常会将新品的流行色系进行系列化的陈列，以吸引时尚消费者的眼球。

图 6-12　注重平衡感的陈列 1

图 6-13　注重平衡感的陈列 2

图 6 - 14　注重节奏感的陈列 3

三、生活式陈列

21 世纪以来，快节奏的社会环境，让男性更加注重健康、环保、休闲、运动、旅游。工作环境也从单一的办公室扩展到了咖啡厅、茶室、饭桌等休闲场所。为迎合男性在不同场所的着装方式，通过对服装、道具、饰品等别出心裁的组合，搭配出一种与目标消费群相匹配的生活式陈列，让顾客被营造的生活氛围所打动，产生对这种生活方式的遐想和认同，如图 6 - 15 所示。

图 6 - 15　杰尼亚的生活方式陈列

四、与品牌形象相关联的橱窗陈列

男装品牌橱窗陈列设计重视橱窗创意设计与品牌文化、品牌形象的关联性，在传播品牌形象的同时，引导时尚潮流和生活理念，如图 6-16、图 6-17 所示。

图 6-16　路易·威登海报橱窗

图 6-17　路易·威登橱窗设计

休闲品牌充分利用道具与服装系列的出样组合，营造一种与休闲品牌相一致的生活方式，引导消费者对这种生活方式产生向往，传播品牌形象，如图 6-18 所示。

图 6-18　休闲品牌的陈列

运动品牌的橱窗设计经常会以巨大的明星广告为背景，然后在前面摆放站立成一排的着装模特，并搭配相关的运动道具，以一种强大的运动气势刺激消费者的感官，树立运动、健康的品牌形象。比如耐克（Nike）在 2012 年英国一家店铺里的陈列，就是采用两组服装成对面站立，形成一种球场里两队对抗的真实生活场景体现，服装上还粘着泥土，可以使顾客产生丰富的联想，如图 6-19 所示。

商务品牌通过灯光、道具、服装的系列组合，注重细节的设计与陈设，设计出与品牌形象相一致的生活式创意橱窗，传播商务、自信、稳重的品牌形象，如图 6-20 所示。

图 6-19　耐克品牌运动服装陈列　周爱英摄　　　　图 6-20　商务服装的品牌陈列　周爱英摄

五、连带陈列

连带陈列是以男性消费者的消费特点为出发点进行陈列的一种技巧，可以提升每单消费金额，促进销售。比如在商务服装的终端零售业中，将西服套装、衬衫、领带、皮带、装饰袖扣以及包、鞋子放在一起陈列，可以达到连带销售的效果，提高销售额，如图 6-21所示。

六、模特陈列

将服装、饰品进行精心搭配后穿着在模特（可以是人台、人体模型和营业员）身上，是给消费者直观体验的一种陈列方式。当消费者看到模特展示的服装后，首先会联想到自己穿着这些服装后的效果，在试穿后，经常会将模特穿着的效果强加到自己的身上，形成一种无法抗拒的心理,从而激起购买欲望,如图 6-22 所示。

图 6-21 连带陈列　　　　　　　　　图 6-22 模特陈列设计

七、突出服装设计特点的陈列

男装外形款式的变化不是很大,集中在 T 型和 H 型上,主要在一些款式细节、内部里布结构及配色、新颖面料、局部流行色点缀、新的花色图案等方面有所变化,并且男性消费者习惯看服装陈列的整体效果,不会像女性消费者一样一件一件地挑选,因此,这些设计的特点需要通过陈列生动而巧妙地展示出来,以体现产品设计的新颖性和时尚感,也方便男性消费者挑选,如图 6-23 所示。

八、经常变换的陈列方式

为了让卖场一直保持新鲜感,最好一到两周就能调换服装陈列的位置,让消费者产生视觉上的新奇感,从而激起消费者好奇心。

例如国际品牌 ZARA 几乎每两周就调换服装陈列的位置,让消费者每次光顾卖场都有新品上市的感觉。这样,消费者在挑选服装的过程中,就会产生一种今天不买下次就会被卖光的心理,因此,一旦看中就会即刻购买。据有关数据显示,消费者年平均光顾 ZARA 店的次数达到了 17 次之多,而行业平均水平仅为 3~4 次。

图 6 - 23　突出服装设计特点的陈列

思考题

进行品牌男装陈列时需要注意哪些方面？

课后作业

为上一章的产品系列设计完成一个系列的陈列方案。

参考文献

[1] 迈克·伊西. 服饰营销圣经 [M]. 金凌，高姝月，潘静中，译. 上海：上海远东出版社，2002.

[2] 苏珊娜·哈特，约翰·莫非. 品牌圣经 [M]. 高丽新，译. 北京：中国铁道出版社，2006.

[3] 赵平. 服饰品牌商品企划 [M]. 北京：中国纺织出版社，2005.

[4] 杨琴. 企划经理日智 [M]. 北京：机械工业出版社，2006.

[5] 刘鑫. 定位决定成败 [M]. 北京：中国纺织出版社，2007.

[6] 理查德·索格，杰妮·阿黛尔. 时装设计元素 [M]. 袁燕，刘驰，译. 北京：中国纺织出版社，2009.

[7] 苏·詹金·琼斯. 时装设计 [M]. 张翎，译. 北京：中国纺织出版社，2009.

[8] 刘晓刚. 品牌服装设计 [M]. 2版. 上海：东华大学出版社，2007.

[9] 麦可思研究所. 大学生求职决胜宝典（2010年版）[M]. 王伯庆主审. 北京：清华大学出版社，2010.

[10] 李好定. 服装设计实务 [M]. 刘国联，赵莉，王亚，等译. 北京：中国纺织出版社，2007.

[11] 庄立新，胡蕾. 服装设计 [M]. 北京：中国纺织出版社，2003.

[12] 熊晓燕，江平. 服装专题设计 [M]. 北京：高等教育出版社，2003.

[13] 李春晓，蔡凌霄. 时尚设计·服装 [M]. 南宁：广西美术出版社，2006.

[14] 黄嘉. 创意服装设计 [M]. 重庆：西南师范大学出版社，2009.

[15] 胡小平. 服装设计表现的突破 [M]. 西安：西安交通大学出版社，2002.

[16] 林松涛. 成衣设计 [M]. 北京：中国纺织出版社，2008.

[17] 邵献伟. 服装品牌设计 [M]. 北京：化学工业出版社，2007.

[18] 张晓黎. 从设计到设计——服装设计实践教学篇 [M]. 成都：四川美术出版社，2006.

[19] 张晓黎. 服装设计创新与实践 [M]. 成都：四川大学出版社，2006.

[20] 约翰·T. 德鲁，萨拉·A. 迈耶. 色彩管理 [M]. 连冕，张鹏程，译. 北京：中国青年出版社，2007.

[21] 南云治嘉. 色彩战略——色彩设计的商业应用 [M]. 北京：中国青年出版社，2006.

[22] 布鲁诺. 物生物——现代设计理念 [M]. 曾培，洪进丁，译. 北京：博远出版有限公司出版，1989.

[23] 王受之. 世界现代设计史 [M]. 北京：中国青年出版社，2002.

[24] 王受之. 世界时装史 [M]. 北京：中国青年出版社，2002.

[25] 陈美芳. 实用服装设计 [M]. 台北：艺风堂出版，1993.

书目：**服装**

书 名	作 者	定价
服装设计：造型与元素	尚笑梅	29.80
服装设计美学	管德明　崔荣荣	29.80
服装营销	宁俊	28.00
应用服装画技法	王家馨	38.00
服装企业理单跟单	毛益挺	28.00

【高等服装实用技术教材】

书 名	作 者	定价
服装生产工艺与流程	陈霞　张小量等编著	38.00
服装国际贸易概论（第2版）	陈学军编著	28.00
服装企业督导管理（第2版）	刘小红	29.80
实用服装立体剪裁	罗琴	29.80
实用服装专业英语	张小良	29.80
服装纸样设计（上册）	刘东	20.00
服装纸样设计（下册）	李秀英　等	26.00
服装品质管理	万志琴	18.00
服装零售概论	刘小红	18.00
服装国际贸易概论	陈学军	18.00

【服装高等职业教育教材】

书 名	作 者	定价
服装学概论（第2版）	包昌法　徐雅琴编著	32.00
服装专业英语（第3版）	严国英　徐奔编著	32.00
服装缝纫工艺	包昌法	25.00
服装结构设计	苏石民	29.80
服装专业英语（第二版）	严国英	36.00
服装制图与样板制作（第二版）	徐雅琴	45.00
服装学概论	包昌法	17.00
服装面料与辅料	濮微	26.00
服装面料及其服用性能	于湖生	25.00
计算机服饰图案设计	陈有卿　胡嫔	30.00

【21世纪职业教育重点专业教材】

书 名	作 者	定价
服装市场调查与预测（第2版）	方勇等编著	24.00
服装材料	朱焕良	25.00
服装工业制板	吕学海	20.00
服装设计	庄立新	25.00
服装CAD（附盘）	谭雄辉	28.00
服装生产管理	黄喜蔚	18.00
服装贸易实务	余建春	18.00
服装工艺	张繁荣	24.00

（左侧竖排）高职高专教材

注：若本书目中的价格与成书价格不同，则以成书价格为准。中国纺织出版社图书营销中心门市、

函购电话：（010）64168231。或登陆我们的网站查询最新书目：

中国纺织出版社网址：www.c‑textilep.com

书目：<u>服装</u>

书　名	作　者	定价
【服装高等教育"十二五"部委级规划教材（高职高专）】		
成衣样板设计与制作	张福良	35.00
服装专业毕业设计指导	张剑锋	33.00
服装出口贸易实务	张芝萍　等	29.80
纺织服装专业日语	王永良	35.00
【普通高等教育"十一五"国家级规划教材】		
计算机辅助平面设计（附盘）	尤太生	39.80
服装造型立体设计（附盘）	肖军	35.00
服装贸易单证实务（附盘）	张芝萍	39.80
服装英语实用教材（第二版）（附盘）	张宏仁	36.00
出口服装商检实务（附盘）	陈学军	36.00
服装连锁经营管理（附盘）	李滨	32.00
【服装高职高专"十一五"部委级规划教材】		
服装纸样放码（第2版）	李秀英编著	32.00
现代服装工程管理	温平则　冯旭敏编著	42.00
服装制作工艺：基础篇（第2版）（附盘）	朱秀丽　鲍卫君	35.00
服装制作工艺：成衣篇（第2版）（附盘）	鲍卫君　等	35.00
服装品质管理（第2版）	万志琴　宋惠景	29.80
服装商品企划理论与实务（附盘）	刘云华	39.80
成衣纸样电脑放码（附盘）	杨雪梅	32.00
成衣产品设计	庄立新	34.00
立体裁剪实训教材（附盘）	刘锋　等	39.80
面料与服装设计（附盘）	朱远胜　林旭飞　史林	38.00
服装纸样设计（第二版）（附盘）	刘东	38.00
针织服装设计概论（第二版）	薛福平	39.80
中国服饰史（附盘）	陈志华　朱华	33.00
CorelDRAW数字化服装设计（附盘）	马仲岭　周伯军	39.80
服装结构原理与制图技术（附盘）	吕学海	39.80
成衣设计（第二版）（附盘）	林松涛	35.00
服装美学（第三版）（附盘）	吴卫刚	36.00
产业用服装设计表现（附盘）	刘兴邦　王小雷	32.00
服装生产现场管理（附盘）	姜旺生	30.00
【全国纺织高职高专规划教材】		
服饰配件设计与应用	邵献伟　吴晓菁	35.00
服装制作工艺：实训手册	许涛	36.00
针织服装结构与工艺设计	毛莉莉	38.00
服装贸易理论与实务	张芝萍	30.00
【服装专业高职高专推荐教材】		
服装纸样设计（上册）	刘松龄	32.00
服装纸样设计（下册）	刘松龄	32.00

高

职

高

专

教

材